U0173561

炒菜的
350种做法

生活新实用编辑部　编著

江苏凤凰科学技术出版社
·南京·

炒出来的美味料理

不论是中式菜肴还是西式菜肴都少不了“炒”这项烹调法，炒菜既简单又快速，而且不失美味。可是自己在家中炒菜却似乎总是差点火候，对此许多人都很纳闷，究竟是哪里出了问题?

其实炒菜虽然简单，但还是有些小细节必须注意，这样炒出来的菜才会更美味。像食材的前期处理、爆香时需要用什么辛香料，以及调味料的比例等，这些小细节看似微不足道，但若没有注意，便很容易让料理失败。

本书共收录了350道家常炒菜的做法，各种肉类、海鲜、蔬菜一应俱全，除了有大厨的料理配方以及详细的做法，还会教读者们许多小诀窍，不论是厨房新手还是喜爱烹饪的熟手，都能快速上手，轻松料理。

备注：

1大匙（固体）=15克　　1小匙（固体）=5克　　1大匙（液体）=15毫升

1小匙（液体）=5毫升　　1杯（液体）=250毫升　　1杯（固体）≈227克

目录CONTENTS

15 肉类篇

171 蔬菜豆蛋篇

• 豆腐

• 菇类

• 蛋类

引出美好鲜味的调味料

常用的热炒必备调味料有糖、盐、米酒、醋、酱油及各式胡椒、咖喱粉等，通常糖和盐会搭配使用，而不同的比例，就会形成不同的味道。

【盐】

盐最重要的功能是提味，在拌炒属于酸甜味的酱料中，运用少许的盐，可让其味道更明显。如搭配甜分或油分较多的酱料，利用加盐的方式，可以降低甜腻感和油腻感。

【糖】

常用于热炒的糖以砂糖、冰糖为主，在热炒的料理中加一点糖，会让料理口味不过咸，且口感更好。

【醋】

在烹调时适量添加白醋、陈醋，可以产生特殊风味。

【调味酱】

沙茶酱、豆瓣酱、糖醋酱、黑胡椒酱等，都是快炒时很常用的调味酱，口味比较重，烹调时加入几匙就很有风味。

【米酒】

通常肉类或海鲜料理都会添加一些米酒，主要有去除腥味的效果。

【调味粉】

各式胡椒、咖喱粉、肉桂粉多运用在海鲜上，不论腌渍，还是拿来调味，其浓郁的香气不只可以去掉肉类、海鲜的腥味，还能让料理变得更为美味。

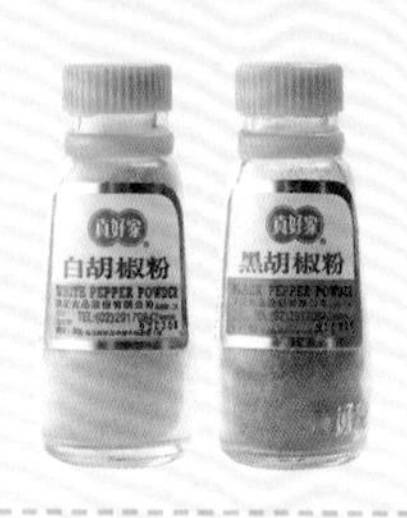

※善用调味料

除了主要的食材外，辛香料与调味料，是让料理更美味的秘诀。通常葱、姜、蒜、辣椒、花椒，在油中爆炒就会产生香味，但是火不能太大，以免使其变焦而产生苦味，而罗勒、韭菜、芹菜，则要在起锅前加入。调味料的话，酒、酱油、醋等，主要靠热力传导，所以淋的时候，可由锅边淋入，以激发香味。

热炒必备的辛香料

葱、姜、蒜、辣椒、洋葱、罗勒等，全是热炒时常用的辛香料，若没有新鲜的食材，也可以用干燥洋葱片、辣椒粉或蒜粉之类的替代。

【葱】

葱用于热炒料理，可以去腥、拌炒、装饰等，用处很多。

【蒜】

蒜可以切片、切丁，多用以爆香。蒜通常要在其组织被破坏后，才能发挥辣味，所以蒜泥的口感最辣。

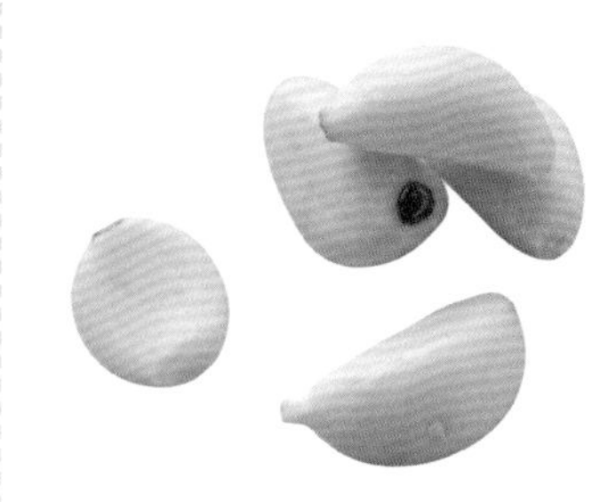

【姜】

粉姜用于制作辛辣的酱汁；嫩姜脆感佳，可以切成极细的丝来烹调；老姜切成片或是切成丁，辛辣感十足，可以去除海鲜的腥味。

【辣椒】

辣椒有助于增加食欲，喜欢吃辣者可以在爆香时入锅炒出辣味；辣椒也常用于配色，怕辣的人可以将辣椒剖开、去籽，起锅前再加入快炒配色。

【洋葱】

洋葱是一种带有辛味的球状蔬菜，加热后会有甜脆的口感。热炒时要炒久一点，甜味才能充分发挥出来。洋葱另有杀菌、去腥的效果，多食对健康有利。

【罗勒】

罗勒可以让料理香气更加丰富，因其香味容易挥发，最好在食材起锅前再放入，略拌一下就好了。

※依不同料理特性作变化

热炒时可以先将葱、姜、蒜等辛香料下锅爆香，产生香气后，再放入主要的食材。

8个诀窍 让炒菜更好吃

炒菜要好吃，除了食材本身要新鲜和基本的调味料、辛香料要用对之外，其实还有不少技巧，像食材的去腥处理、炒菜过程中的火候控制等。在此教读者们8个炒菜的诀窍，掌握了这些技巧和秘诀，就能让料理变得简单，而且更加美味。

1. 汆烫去腥

肉类和海鲜本身有股腥味，烹煮时如果只洗净就下锅，会将腥味带进料理中。因此，要事先汆烫以去除肉类或海鲜多余的脂肪、血水和腥味。在汆烫时也可以在锅中放入葱段、姜片或米酒，去腥效果更佳。

2. 腌渍入味

腌渍除了可以调味外，腌料里还带有一些液态或油脂类的调味料，可以保持肉的鲜嫩。此外，有些腌料当中也会加入淀粉，有助于锁住肉汁，避免热炒时肉变得干涩。肉类最好先切成块或片再腌渍，既更容易入味，也更节省烹调时间。

3. 爆香顺序

辛香料和调味料都能提升菜肴的香味，通常葱、姜、蒜、辣椒在热锅中爆炒就会产生香味，但不能炒太久以免烧焦产生苦味。而罗勒、韭菜、芹菜这类食材，则起锅前加入即可。另外，有些调味料先爆香，香味会更浓郁，例如辣椒酱、豆瓣酱。

4. 过油鲜嫩

海鲜可以沾干粉后过油，这样可让肉质表面收缩，能锁住鲜味，食材本身的水分也不会流失。肉类料理也可以在腌渍后过油，这样能先入味且口感不易干涩，还可以将肉汁锁住并定型，翻炒时也不容易破碎。过油之后再做其他的二次烹调。

5. 快速翻炒

海鲜、肉类不能炒太久，以免肉质变得又老又干。所以大火快炒时不仅油量要足，还得先将葱、姜、蒜等辛香料下锅爆香，产生香味后，再放入主要的食材。此时锅有一定的热度，而主要食材又多经过汆烫或过油的前处理，所以迅速翻炒数下，再加入调味料拌炒均匀，入味即可起锅。

6. 油温掌控

食材油炸前，一定要先擦去多余的水分，如果有裹粉，入锅前也要轻轻抖掉多余的裹粉。此外，油炸时也要依照食材特性调节油温。油温过低，食材易成糊泥状；油温过高则食材表面容易焦黑，但内部没有熟透。食材太多的话，一次下锅会急速降低油温，所以最好分批放入。

7. 汤汁收干

快炒类菜肴在烹调上最忌讳的就是加入过多汤汁或是锅中留下太多汤汁，因为这就表示调味料的精华没有让食材吸收，或者是水分未蒸发完全。食材和调味料没有互相作用，食材本身的鲜甜滋味就出不来。因此，料理时要尽量将锅中的汤汁收干，这样菜肴才能好吃又入味。

8. 火候到位

餐厅快炒好吃的秘诀就在于“锅要热、火要大”。锅热，才能迅速让食材表面变熟，翻炒过程中食材才不容易粘锅、破碎四散；火大，食材才能尽快熟透，保持新鲜和口感。自己在家炒时，可以一次不要炒太多食材，或是尽量将食材切薄切细，这样同样能达到餐厅快炒的效果。

大厨
推荐
必学炒菜排行榜

肉类

TOP1 三杯鸡 (P71)

鸡肉、胡麻油、米酒、酱油，1+3搭配出鲜嫩的好滋味，简单食材却有不平凡的美味。

TOP2 小炒肉 (P18)

利用豆干条、肉丝、鱿鱼丝这类简单食材搭配，让每一口都能品尝到不同的口感层次。

TOP3 糖醋里脊 (P25)

酸酸甜甜的糖醋酱汁，搭上口感软嫩的里脊肉，酸甜不腻，绝对让大人小孩都喜爱。

海鲜类

TOP1 三杯鱿鱼 (P138)

嚼劲十足的鱿鱼加上酱汁略焦香的滋味，及蒜仁、罗勒的香气，搭配起来非常美味。

TOP2 菠萝虾球 (P118)

菠萝的酸搭配虾的鲜甜，正好可以中和美奶滋的甜腻，让虾吃起来更爽滑顺口。

TOP3 咸酥虾 (P113)

酥炸后的虾和盐、胡椒、葱花拌炒，简单的调味不仅能吃出虾的鲜，淡淡的咸香风味更是让人一吃就爱上。

蔬菜类

TOP1 咸蛋苦瓜 (P250)

苦瓜搭配金黄咸蛋，不仅去油解腻，而且加上咸蛋的香气，特别的口感令人一尝就爱上。

TOP2 开洋白菜 (P195)

虾米的鲜、香菇的香，配上蔬菜的甜，鲜甜的滋味令人难忘。

TOP3 干煸四季豆 (P178)

将四季豆过油后再炒，不仅依旧保有其爽脆口感，更多了一股特殊的香气。

meat 肉类篇

猪肉、牛肉、羊肉、鸡肉等，
肉类的料理方法多变，
相当适合炒食。
简单切丝、切片或条状，
稍微腌渍后快炒，
口感滑嫩，
既方便又美味，
不需花太多时间就能一饱口福。

炒肉类的美味诀窍

做炒肉类料理并不难，但要做出像餐厅那般美味的炒肉类料理，烹调上就有很多小细节需要注意，如料理前需要先做些什么准备？炒到什么程度才算入味？以下教你七大料理关键，让你轻松学会餐厅肉类料理的美味秘诀！

关键1 料理前先去腥

汆烫可以去除肉类多余的脂肪、血水与腥味，汆烫时通常可以在锅中放入葱段、姜片或米酒，去腥效果更佳。但注意汆烫的时间不要太久，因为之后还有其他的料理加热手段，否则会让食材过老，丧失其本身的滋味与口感。

关键2 腌渍再炒更入味

腌料中除了各类粉末状调味料之外，还有一些液态或油脂类的调味料，可保持肉质鲜嫩。此外，有些腌料中会加入淀粉，可以锁住肉汁，热炒时也不易变干涩。肉类可先切块或片，除了有利于腌渍时入味，也能节省烹调时间。

关键3 过油让肉更紧实

食材油炸前，一定要擦去多余的水分，若有外裹粉，入锅前也要轻轻抖掉多余的裹粉。此外，油炸时也需依食物的特性调节油温，油温过低，食物易成糊泥状；若油温过高，会使食物的外层呈焦黑状，内部则尚未熟透。食材下锅时，油温会稍微降低10～15℃。油锅中一次放入过多食材会使油温急速下降，所以最好分批放入，而且要同一批食材同时起锅，这样才能控制成品的油炸程度。但如果是裹了面衣的油炸品，则需要分别放入油锅中，以免粘连在一起。另外为确保固定的油温，锅中的炸物最好不要超过油表面积的1/3。

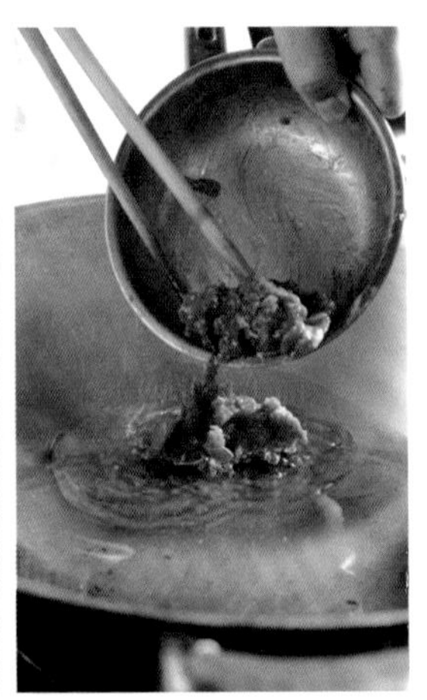

关键4 大火快炒锁肉汁

餐厅、快炒店炒出的一盘盘美味料理，就是比家里炒的好吃，其实秘诀就在于“锅要热、火要大”。锅热，才能迅速让食材表面变熟，在翻炒的过程中，食材就不易粘锅，也就不会因为粘连而破碎四散。火够大，才能让食物尽快熟透，快炒不像烧煮是花时间煮入味，越是快速炒熟越能保持食材的新鲜与口感，否则口感会变得又老又干。而家里的炉火不可能像快炒房的快速炉火力那么强大，所以就只能靠技巧来弥补，例如一次不放入太多食材，以免无法均匀受热，增加爆炒的时间；再如将食材切小、切薄，加快炒熟的速度，这样炒出来的料理口感就会跟快炒店接近啦。

关键5 善用调味料和辛香料

餐厅的快炒料理最主要的特点，就是利用大火结合热油后，加上食材与调味料，借此产生的香气而烹调出美味。而辛香料和酱料都是让香气更浓郁的秘诀，通常葱、姜、蒜仁、红辣椒、花椒在热锅中爆炒就会产生香气，但是不能爆香太久，以免烧焦产生苦味。而罗勒、韭菜、芹菜这类食材，则在起锅前再加入即可。此外有些调味料也可以先爆香，像辣椒酱、豆瓣酱经过爆香后，香味会更浓郁，有助提升整锅菜的滋味。爆香后，再加入食材炒熟，这样整盘菜吃起来味道更有层次感，比起未经爆香全部一起炒，更多了些香味。

关键6 勾芡让料理更入味

快炒因为火力大、料理时间较短，所以炒大块肉或排骨时，要让肉块能入味往往菜已经焦了，所以许多餐厅大厨会用“勾芡”，简单快炒后只要勾个芡，让酱汁可以附着在食材上，既入味又能保有食材的鲜嫩多汁，而且还能让快炒料理多一份滑嫩口感。

关键7 料理要收汁

像红烧肉类或快炒类的菜肴，在烹调上最忌讳的就是煮出或炒出的菜肴中，加入太多汤汁或是锅中留下过多汤汁，所以料理时要尽量将锅中的汤汁收干，这样才能做出好吃又入味的菜肴。

猪肉

小炒肉

材料

五花肉200克、干鱿鱼1尾、豆干4块、蒜苗段200克、芹菜段100克、红辣椒片30克、蒜末10克

调味料

A.酱油2大匙、水2大匙、料酒1大匙、盐1/4小匙、细砂糖1小匙、白胡椒粉1/2小匙

B.香油1小匙

做法

1. 干鱿鱼用温水泡约5小时后切粗丝；五花肉切小条；豆干切小条，备用。
2. 热锅，倒入1大匙油（材料外），以小火煸香五花肉及豆干条，取出备用。
3. 锅中再加入少许油（材料外），爆香红辣椒片及蒜末后放入五花肉、鱿鱼丝及豆干条，再加入调味料A，以小火煮约3分钟至汤汁收干。
4. 加入蒜苗段及芹菜段，炒约1分钟后，淋上香油炒匀即可。

芝麻排骨

材料

排骨500克、熟白芝麻1/4小匙、低筋面粉1大匙

调味料

A.盐1/4小匙、细砂糖1小匙、料酒1大匙、水3大匙、蛋清1大匙、小苏打1/8小匙
B.淀粉1大匙、色拉油2大匙
C.牛排酱1大匙、梅林辣酱油1大匙、白醋1大匙、番茄酱2大匙、糖5大匙、水3大匙
D.水淀粉1小匙、香油1大匙

做法

1. 排骨剁小块，用调味料A拌匀腌约20分钟后，加入低筋面粉及淀粉拌匀，再加入色拉油略拌备用。
2. 热锅，倒入约400毫升的油（材料外）烧至约150℃，加入排骨以小火炸约4分钟后起锅沥干油。
3. 另热锅倒入调味料C，以小火煮沸后用水淀粉勾芡，放入炸好的排骨迅速翻炒至芡汁完全被排骨吸收后，关火加入香油拌匀，撒上少许熟白芝麻即可。

糖醋排骨

材料

排骨500克、蒜末5克、姜末5克、洋葱片30克、红甜椒片30克、青辣椒片30克、菠萝片40克、面粉1大匙

调味料

糖2大匙、白醋2大匙、盐1/4小匙、番茄酱3大匙、水淀粉1大匙、水200毫升

腌料

米酒1小匙、盐1/4小匙、糖1/4小匙、鸡蛋1/3个、淀粉1小匙

做法

1. 排骨洗净，加入所有腌料腌1小时，加入面粉拌匀备用。
2. 热锅，倒入稍多的油（材料外），待油温热至160℃，将排骨放入锅中炸约4分钟至熟且上色，捞出沥油备用。
3. 锅中留约1大匙油，加入蒜末、姜末爆香，放入洋葱片炒软，再放入红甜椒片、青辣椒片炒匀，盛出备用。
4. 放入除水淀粉外的所有调味料煮沸，再以水淀粉勾芡，最后加入排骨、做法3的所有材料及菠萝片拌匀即可。

葱酥排骨

橙汁排骨

干锅排骨

葱爆肉丝

葱酥排骨

材料

葱花40克、红葱酥30克、排骨400克、红辣椒10克

调味料

A.淀粉3大匙、色拉油2大匙

B.胡椒盐2小匙

腌料

盐1/4小匙、细砂糖1小匙、米酒1大匙、水3大匙、蛋清1大匙、小苏打1/8小匙

做法

1. 排骨剁小块洗净，用腌料拌匀，腌约20分钟后，加入淀粉拌匀，再加入色拉油略拌；红辣椒切末，备用。
2. 热锅，倒入约400毫升的油（材料外），待油温烧至约150℃，加入排骨块，以小火炸约6分钟后起锅沥油备用。
3. 锅中留约1大匙油，热锅后以小火炒香葱花及红辣椒末。
4. 再加入排骨块及红葱酥炒匀，撒上胡椒盐炒匀即可。

橙汁排骨

材料

腩排300克、橙子3个

调味料

浓缩橙汁1大匙、白醋1.5大匙、细砂糖1小匙、盐1/4小匙、水淀粉1/2小匙

腌料

盐1/4小匙、细砂糖1/4小匙、小苏打粉1/2小匙、淀粉1小匙、卡士达粉1小匙、面粉1大匙

做法

1. 腩排剁成小块，冲水15分钟去腥膻，沥干水分，加入腌料并不断搅拌至粉完全吸收，静置30分钟备用。
2. 将2个橙子榨汁，1个切片备用。
3. 将腩排放入160℃的油锅中，以小火炸3分钟，关火2分钟再开大火炸2分钟，捞出沥油。
4. 取锅，放入水淀粉外的所有调味料、橙汁和4片橙片煮匀，再加入水淀粉勾芡，最后淋在腩排上炒均匀盛盘即可。

干锅排骨

材料

排骨…………800克
蒜片…………20克
姜片…………10克
花椒…………3克
干辣椒…………10克
芹菜…………80克
蒜苗…………50克

调味料

蚝油…………1大匙
辣豆瓣酱…………1大匙
细砂糖…………1大匙
水…………150毫升
料酒…………50毫升

做法

1. 将排骨洗净剁小块；蒜苗和芹菜洗净切段，备用。
2. 热锅，加入约2大匙油（材料外），以小火爆香蒜片、姜片、花椒及干辣椒，再加入辣豆瓣酱炒香。
3. 将排骨放入锅中，加入其余调味料炒匀，以小火烧约20分钟至汤汁略收干，最后加入蒜苗段及芹菜段炒匀后即可。

葱爆肉丝

材料

猪肉丝180克、葱150克、姜10克、红辣椒10克

调味料

A.水1大匙、淀粉1小匙、酱油1小匙、蛋清1大匙

B.酱油2大匙、细砂糖1小匙、水1大匙、水淀粉1小匙、香油1小匙

做法

1. 猪肉丝以调味料A抓匀腌渍2分钟；葱洗净切小段；姜及红辣椒洗净切小片备用。
2. 热锅，倒入约2大匙的色拉油（材料外），加入猪肉丝，以大火快炒至肉表面变白即捞出。
3. 锅底留少许油，以小火爆香葱段、姜片、红辣椒片后放入调味调B的酱油、细砂糖及水炒匀，再加入猪肉丝，以大火快炒约10秒后加入水淀粉勾芡炒匀，最后淋入香油即可。

京酱肉丝

材料

猪肉丝 ········ 250克
葱 ················· 60克

调味料

水淀粉 ········· 1小匙
水 ·············· 50毫升
甜面酱 ········· 3大匙
番茄酱 ········· 2小匙
细砂糖 ········· 2小匙
香油 ············· 1大匙

做法

1. 将葱洗净后切丝，摆于盘上垫底。
2. 热锅，倒入2大匙色拉油（材料外），将猪肉丝与水淀粉抓匀后下锅，以中火炒至猪肉丝变白后加入水、甜面酱、番茄酱及细砂糖，炒至汤汁略收干后加入香油拌匀即可。
3. 将肉丝盛至葱丝上，撒上红辣椒丝（材料外）装饰即可。

炒菜美味笔记

在餐厅中吃到的京酱肉丝，有时会以小黄瓜丝替代葱丝，让整道菜看起来分量更多，当然也有以葱丝垫底的做法。不妨视时价而定，若葱价高就选用小黄瓜丝，若小黄瓜丝较贵就改用葱丝，两者都是水分含量充足的蔬菜，搭配肉丝都很合适。

豆干炒肉丝

材料

猪瘦肉丝 ····· 200克
黑豆干 ············ 2块
葱 ··················· 2根
蒜仁 ················ 2颗
橄榄油 ······ 1/2小匙

调味料

酱油膏 ········· 1大匙
鸡精 ·········· 1/2小匙

腌料

酒 ················ 1小匙
酱油 ············· 1小匙
水 ················ 2大匙
淀粉 ············· 1小匙

做法

1. 猪瘦肉丝中加入腌料，搅拌均匀放置15分钟。
2. 黑豆干洗净沥干切片；葱洗净切段；蒜仁切片备用。
3. 煮一锅水，将猪瘦肉丝放入水中汆烫至八分熟后，捞起沥干备用。
4. 取一不粘锅放油（材料外）后，先爆香蒜片，再放入黑豆干片炒香。
5. 加入猪瘦肉丝拌炒，并加入调味料炒至均匀，起锅前再加入葱段炒匀即可。

韭黄炒肉丝

材料

韭黄250克、里脊肉150克、蒜末10克、红辣椒10克

调味料

A.盐1/3小匙、鸡精1/2小匙、米酒1大匙、水少许

B.香油1小匙、油1大匙

腌料

盐2克、蛋清1小匙、淀粉1小匙、米酒1大匙

做法

1. 里脊肉洗净切丝，加入腌料拌匀腌约5分钟，再放入油锅中过油一下，捞出备用。
2. 韭黄洗净切段，将韭黄头跟韭黄尾分开；红辣椒切丝，备用。
3. 热锅，倒入油（材料外），放入蒜末爆香，放入韭黄头炒数下，再放入韭黄尾、红辣椒丝、调味料A和里脊肉丝，快炒至韭黄微软，淋上香油拌匀即可。

炒菜美味笔记

韭黄头较硬且适合爆香久炒，而尾部则较嫩。为了吃起来口感更鲜嫩，可先炒韭黄头，再炒韭黄尾，这样口感就会恰到好处。

彩椒炒肉丝

材料

猪肉丝………150克
红甜椒………1/2个
黄甜椒………1/2个
葱………1根
蒜仁………2颗

调味料

盐………2克
酱油………1小匙
香油………1小匙
白胡椒……1/6小匙

腌料

酱油………1小匙
米酒………1小匙
淀粉………1小匙

做法

1. 猪肉丝中放入所有腌料，腌渍约15分钟备用。
2. 红甜椒、黄甜椒洗净切丝；葱洗净切段；蒜仁切片，备用。
3. 热锅，加入猪肉丝，用小火将油脂煸出来，再加入做法2的材料炒香。
4. 加入所有调味料翻炒均匀即可。

炒菜美味笔记

竹笋放入沸水中汆烫后，可去除苦涩的口感。除了做凉笋料理的竹笋需要整支完整放入沸水中煮外，其他的笋子皆可先切片或切丝后，再放入沸水中汆烫，这样熟得快，可减少汆烫的时间。

麻竹笋炒肉丝

材料

麻竹笋……200克
猪肉丝……200克
葱末……10克
蒜末……10克
红辣椒末……10克

调味料

辣豆瓣酱……2大匙
酱油……1小匙
糖……1小匙

做法

1. 麻竹笋洗净切丝，放入沸水中略汆烫后，捞起沥干备用。
2. 起锅，加入少许油（材料外）烧热，再放入猪肉丝、葱末、蒜末和红辣椒末爆香。
3. 加入麻竹笋丝和所有的调味料一起翻炒均匀即可。

蜜汁咕咾肉

材料

猪梅花肉250克、红甜椒60克、青辣椒40克、菠萝100克

腌料

盐1/8小匙、米酒1小匙、胡椒粉1/6小匙、鸡蛋1大匙

调味料

A.白醋2大匙、番茄酱2大匙、水1大匙、蜂蜜2.5大匙

B.水淀粉1/2小匙、香油1大匙、淀粉100克

做法

1. 猪梅花肉切成2厘米见方大小，加入腌料抓匀；洗净的红甜椒、青辣椒及菠萝切小块备用。
2. 将腌好的梅花肉块裹上干淀粉并捏紧；另将调味料A拌匀成酱汁备用。
3. 热锅倒入约400毫升油（材料外），再将肉下锅，以小火炸约4分钟至熟后，捞起沥油。
4. 另热一锅，放少许油，将红甜椒块、青辣椒块及菠萝块下锅略炒后加入做法2的酱汁，以小火煮沸，再用水淀粉勾芡，加入炸好的肉块迅速翻炒至芡汁完全被吸收后关火，淋上香油拌匀即可。

糖醋里脊

材料

猪后腿肉250克、洋葱50克、青辣椒50克

调味料

A.淀粉1大匙、米酒1/2小匙、盐1/8小匙、蛋液1大匙

B.白醋3大匙、番茄酱2大匙、细砂糖4大匙、水3大匙、水淀粉1小匙、香油1小匙

做法

1. 猪后腿肉切成2厘米见方肉块，再加入调味料A抓匀后腌制约10分钟，备用；洋葱洗净切片；青辣椒洗净去籽后切片备用。
2. 锅烧热，倒入适量色拉油（材料外），待油热后将猪后腿肉块均匀地沾裹上淀粉（材料外）再下锅，以中小火炸约3分钟至金黄酥脆后捞起沥干。
3. 另热一锅，倒入少许色拉油（材料外），放入青辣椒片及洋葱片炒香，加入白醋、番茄酱、细砂糖及水，煮开后用水淀粉勾芡，接着倒入猪后腿肉块拌炒均匀、淋上香油即可。

椒盐里脊

橘酱酸甜肉

香辣肉条

回锅肉

椒盐里脊

材料

猪里脊肉120克、葱花10克、蒜末5克、红辣椒末10克、胡椒盐1/4小匙

腌料

葱段1根、姜末10克、盐1/4小匙、糖1小匙、米酒2大匙

面糊材料

面粉7大匙、淀粉1大匙、泡打粉1小匙、色拉油1大匙、鸡蛋1个、水70毫升

做法

1.猪里脊肉切小条，加入所有腌料抓匀后腌制约10分钟；所有面糊材料拌匀成面糊，将腌好的猪里脊肉条放入面糊中均匀沾裹，备用。
2.热一油锅，油温热至约150℃时将猪里脊肉条放入油锅中以中火炸至表面呈金黄色至熟。
3.热一炒锅，加入少许色拉油（材料外），放入葱花、蒜末、红辣椒末炒香，盛至炸好的猪里脊肉条上，再撒上胡椒盐即可。

橘酱酸甜肉

材料

去皮五花肉片200克
真空包竹笋……1包
葱段……10克
姜片……10克
蒜片……10克
香菜……1棵

调味料

橘酱……2大匙
糖……1大匙
香油……1小匙
酱油……1小匙
盐……1/4小匙
白胡椒粉……1/6小匙

做法

1.竹笋切片；取一容器，加入所有调味料混合均匀。
2.取一炒锅，先加入1大匙色拉油（材料外）烧热，放入五花肉片，将肉煸香且表面稍微上色，再倒除些许油。
3.将笋片、姜片、蒜片和葱段加入锅中翻炒均匀，最后将混合好的调味料倒入，烩煮至酱汁微收，放入香菜作装饰即可。

香辣肉条

材料

猪里脊肉150克、蒜仁20克、葱10克、豆豉5克、蒜味花生3克、干辣椒15克、巴西里末1/6小匙

调味料

盐1小匙、鸡精1小匙、白胡椒1/2小匙、糖1大匙、香油1小匙、辣椒油1大匙

腌料

酱油1小匙、糖1小匙、米酒1小匙、香油1小匙

做法

1.蒜仁切碎；葱洗净切末；蒜味花生切碎；猪里脊肉洗净切条，放入所有腌料，腌制约10分钟，备用。
2.热锅，倒入适量色拉油（材料外），放入猪里脊肉条略炸，待肉色变白即可捞起沥油。
3.锅中留少许油，放入蒜碎、葱末、豆豉及干辣椒爆香，再放入猪里脊肉条和所有调味料，以中火拌炒均匀。
4.起锅前撒上蒜味花生碎、巴西里末即可。

回锅肉

材料

带皮五花肉··200克
圆白菜……120克
豆干……100克
姜末……5克
葱段……5克

调味料

辣豆瓣酱……1大匙
甜面酱……1大匙
花椒粉……1/6小匙
细砂糖……1/2小匙
香油……1/2小匙

做法

1.烧一锅开水，将带皮五花肉整块入锅煮约20分钟至熟，再取出泡冷水，凉透后切薄片；圆白菜切片洗净；豆干切斜片备用。
2.热锅，倒入1大匙油（材料外），放入做法1的五花肉片及豆干片，以中火炒至肉片微焦后取出肉片与豆干片备用。
3.锅中放入姜末，以小火爆香后，加入辣豆瓣酱及甜面酱略炒香，放入花椒粉、细砂糖及五花肉片、豆干片、圆白菜片和葱段同炒，再以大火快炒约1分钟后淋上香油即可。

辣味回锅肉

材料

五花肉……200克
青辣椒……50克
洋葱片……50克
姜片……30克
葱片……30克
干辣椒段……30克
黑木耳片……20克

调味料

糖……1大匙
甜面酱……1大匙
米酒……1大匙
辣豆瓣酱……1大匙
水淀粉……1大匙

做法

1.将五花肉放入沸水中煮熟后，取出放凉切片，备用。
2.取一炒锅放入少许油（材料外），放入葱片、姜片爆香后，再放入其余材料炒匀。
3.放入所有调味料拌炒入味即可。

炸蛋肉片

材料

鸡蛋……………2个
猪肉片…………50克
红甜椒片………15克
青辣椒片………15克
洋葱片…………15克
蒜末…………1/2小匙

腌料

酱油…………1/2小匙
糖……………1/4小匙
米酒…………1/2小匙
淀粉…………1/2小匙

调味料

盐……………1/2小匙
鸡精…………1/4小匙
胡椒粉………1/2小匙
糖……………1/4小匙

做法

1.猪肉片加入所有腌料拌匀，静置约10分钟，备用。
2.鸡蛋打散成蛋液，备用。
3.热锅，加入1大匙色拉油（材料外），放入猪肉片炒至干，盛出备用。
4.重新热锅，加入2大匙色拉油（材料外），慢慢倒入蛋液炸成蛋丝，盛出沥油，备用。
5.放入蒜末、红甜椒片、青辣椒片、洋葱片，以小火炒约1分钟，再加入蛋丝、所有调味料炒匀，最后加入猪肉片快炒1分钟，炒至均匀即可。

酸菜炒五花肉

材料

五花肉……200克
酸菜……300克
蒜片……10克
红辣椒片……15克

调味料

盐……1/2小匙
酱油……1/2匙
细砂糖……1/2小匙
米酒……1大匙
胡椒粉……1/6小匙
乌醋……1小匙

做法

1.五花肉洗净切片；酸菜略为冲洗后切小段，备用。
2.热锅倒入1大匙色拉油（材料外），放入五花肉片炒至油亮，加入蒜片和红辣椒片爆香。
3.放入酸菜段拌炒均匀，加入所有调味料翻炒至入味即可。

炒菜美味笔记

市面上卖的酸白菜通常都是一大包的，买回来不见得能够一次用完，用不完的酸白菜可封好放进冰箱冷冻保存，要料理时随时解冻即可，非常方便。

酸白菜炒肉片

材料

酸白菜片……250克
熟五花肉片‥250克
蒜片……10克
红辣椒片……10克
葱段……15克

调味料

盐……1/2小匙
酱油……1小匙
细砂糖……1/4小匙
鸡精……1/4小匙
乌醋……1/2大匙

做法

1.酸白菜片略洗一下马上捞出，备用。
2.热锅，倒入2大匙色拉油（材料外），放入蒜片、葱段、红辣椒片爆香，再放入熟五花肉片拌炒。
3.放入酸白菜片略炒，再放入所有调味料拌炒均匀即可。

泡菜炒肉片

材料

猪瘦肉片…… 200克
韩式泡菜……… 80克
韭菜…………150克
蒜仁………………2颗

调味料

盐…………… 1/2小匙
糖…………… 1/2小匙
橄榄油 …… 1/2小匙

腌料

酒……………… 1小匙
酱油…………… 1小匙
水……………… 1大匙
淀粉………… 1/2小匙

做法

1.猪瘦肉片加入腌料，搅拌均匀放置15分钟。
2.泡菜切段沥干；韭菜洗净切段沥干；蒜仁切片备用。
3.煮一锅水，将猪肉片放入水中汆烫至八分熟后，捞起沥干备用。
4.取一不粘锅放橄榄油后，先爆香蒜片，然后放入泡菜段及少许水（材料外），拌炒至泡菜软化。
5.放入猪肉片及韭菜段略炒后，加入其余调味料拌炒均匀即可。

银芽木耳炒肉片

材料

五花肉片……100克
蒜仁………………2颗
绿豆芽 ………100克
韭菜…………… 30克
泡发黑木耳 ……2朵
鸡蛋………………1个

调味料

酱油………… 1小匙
盐 …………… 1小匙
糖 ………… 1/2小匙
色拉油 ……… 1大匙

做法

1.蒜仁切片；绿豆芽洗净去头；韭菜洗净切段；鸡蛋打散成蛋液；泡发黑木耳去蒂头切丝，备用。
2.取一炒锅，加入色拉油加热，倒入蛋液先炒至八分熟后盛出，放入五花肉片煸熟盛出备用。
3.将蒜片爆香后，放入绿豆芽、韭菜段、黑木耳丝炒熟。
4.放入蛋片、五花肉片及其余调味料拌匀即可。

胡麻油猪肉

材料

猪肉…………250克
玉米笋…………40克
胡萝卜…………30克
柳松菇…………40克
蒜片…………10克
蒜苗…………50克

调味料

蚝油…………1小匙
米酒…………2大匙
盐…………1/4小匙
糖…………1小匙
胡麻油…………2大匙

做法

1.将猪肉洗净切片；玉米笋洗净，汆烫1分钟捞出切片；胡萝卜切片，汆烫后捞出；柳松菇洗净去蒂头，汆烫后捞出；蒜苗切段，备用。
2.热锅后加入胡麻油，放入蒜片爆香。
3.放入猪肉片炒至变色后，放入蒜苗段拌炒，再加入蚝油和米酒炒香。
4.放入玉米笋片、胡萝卜片、柳松菇、盐和糖炒匀即可。

咖喱猪柳

材料

猪腿肉……150克
红甜椒……10克
黄甜椒……10克
小黄瓜……10克
洋葱……10克
胡萝卜……10克

调味料

咖喱酱……2大匙

腌料

盐……1/2小匙
淀粉……1小匙

做法

1.猪腿肉切条，放入所有腌料腌10分钟；红甜椒、黄甜椒、小黄瓜、胡萝卜与洋葱切条，备用。
2.取锅烧热后倒入2大匙油（材料外），放入猪柳条炸熟，捞起沥干。
3.另热一锅，放入红甜椒条、黄甜椒条、小黄瓜条、胡萝卜条与洋葱条炒香，再加入猪柳条拌炒，最后加入咖喱酱一起拌炒均匀即可。

麻辣肉丁

材料

猪后腿肉150克、青辣椒60克、蒜仁4颗、红辣椒60克、花椒3克

调味料

酱油1大匙、砂糖1小匙、米酒1大匙、乌醋1小匙、水30毫升、水淀粉1大匙、香油1小匙、辣椒油1小匙

腌料

酱油1小匙、胡椒粉1/6小匙、香油1小匙、米酒1小匙、淀粉1小匙

做法

1.猪后腿肉切丁，加入腌料略腌后，用140℃热油炸熟备用。
2.蒜仁切片；青辣椒、红辣椒洗净切块，备用。
3.另热锅加少许油（材料外），将做法2的食材与花椒一起下锅爆香，再放入猪肉丁及所有调味料，拌炒均匀即可。

榨菜炒肉丁

萝卜干炒肉

打抛猪肉

蚂蚁上树

榨菜炒肉丁

材料

猪瘦肉150克、榨菜80克、沙拉笋50克、小黄瓜50克、胡萝卜30克、葱2根

调味料

盐1/2小匙、糖1/2小匙、橄榄油1小匙、水1大匙

腌料

酒1小匙、酱油1小匙、淀粉1/2小匙

做法

1.猪瘦肉切丁，加入腌料搅拌均匀放置15分钟。
2.榨菜洗净泡水约10分钟稀释盐分后，切粒沥干。
3.沙拉笋、小黄瓜、胡萝卜切丁；葱洗净切小段，备用。
4.取一不粘锅放橄榄油后，爆香葱段，接着放入猪肉丁拌炒至熟。
5.加入榨菜丁、沙拉笋丁、小黄瓜丁、胡萝卜丁拌炒，最后拌入其余调味料炒匀即可。

萝卜干炒肉

材料

猪后腿肉……150克
萝卜干……40克
蒜仁……5颗
葱……1根
红辣椒……10克

调味料

酱油……1大匙
细砂糖……1小匙
米酒……1大匙

做法

1.猪后腿肉洗净切成厚片，加入所有调味料腌制约10分钟，备用；萝卜干切条，备用。
2.蒜仁切片；葱洗净切段；红辣椒洗净切斜片，备用。
3.锅烧热，加入少许油（材料外），放入做法2的辛香料炒香。
4.加入肉片和萝卜干条拌炒均匀即可。

打抛猪肉

材料

猪肉泥……200克
洋葱……1/2个
蒜仁……3颗
红辣椒……2个
葱……2根
萝蔓心叶……3片

调味料

泰式打抛酱…3大匙
盐……1/6小匙
黑胡椒……1/6小匙
砂糖……1小匙
米酒……1大匙

做法

1.将洋葱、蒜仁、红辣椒、葱切碎备用。
2.将萝蔓心叶洗净，泡冰水备用。
3.锅烧热，加入1大匙色拉油（材料外），先加入猪肉泥以中火爆香，再加入做法1的所有材料与调味料一起翻炒均匀。
4.起锅，将萝蔓心叶当作容器，盛装炒好的肉末即可。

蚂蚁上树

材料

猪肉泥……100克
粉条……2把
蒜仁……30克
芹菜……10克
葱花……20克
胡萝卜丁……10克

调味料

辣椒酱……1大匙
酱油……1大匙
米酒……1大匙
糖……1小匙
水……400毫升

做法

1.粉条洗净，泡冷水至软；蒜仁切末；芹菜洗净切末，备用。
2.热锅，放入少许油（材料外），将猪肉泥放入锅中以中火拌炒至肉色变白，加入葱花、蒜末、胡萝卜丁拌炒均匀，再放入所有调味料煮匀。
3.将粉条加入锅中，拌炒至水分略干，再撒入芹菜末即可。

香肠炒蒜苗

材料

香肠……………120克
蒜苗片………… 30克
蒜末………………10克
红辣椒片………10克

调味料

酱油…………… 1大匙
米酒…………… 1大匙
糖……………… 1小匙

做法

1.香肠放入蒸锅中以大火蒸约5分钟，取出后切斜片。
2.热一炒锅，加入少许色拉油（材料外），放入蒜苗片、蒜末、红辣椒片炒香，接着放入香肠片与所有调味料炒匀即可。

炒菜美味笔记

香肠先蒸一下可以帮助其定型，这样比较好切片，熟的香肠与其他材料炒匀即可起锅。

腊味炒年糕

材料

年糕………… 500克
广式腊肠…………2条
蒜苗………………2根
红甜椒片……… 30克
蒜末……………10克

调味料

蚝油…………… 1大匙
盐………… 1/4小匙
糖………… 1/4小匙
油……………… 1大匙

做法

1.广式腊肠放入蒸锅中，蒸约10分钟至熟，取出切片。
2.蒜苗洗净切小段；年糕抓散放入沸水中泡软后，沥干。
3.取锅，加入油，放入蒜末和广式腊肠片爆香，再放入年糕和其余调味料炒约3分钟，最后加入蒜苗片和红甜椒片炒1分钟即可。

炒菜美味笔记

小黄瓜爆炒时无法完全入味，可以加点水后盖上锅盖略焖煮，这样较容易入味。

香肠炒小黄瓜

材料

香肠…………200克
小黄瓜片……200克
蒜片……………10克
红辣椒片………20克
上海青段………50克

调味料

鸡精……………1小匙
香油……………1小匙
盐……………1/2小匙
黑胡椒粉……1/6小匙
水……………50毫升

做法

1.香肠洗净切片备用。
2.取锅，加入少许油（材料外）烧热，放入小黄瓜片、蒜片、红辣椒片、上海青段和香肠片，加水翻炒均匀。
3.加入其余调味料快炒后，盖上锅盖焖至汤汁略收且小黄瓜熟软即可。

蘑菇炒腊肠

材料

蘑菇…………80克
广式腊肠……150克
蒜苗…………50克
红辣椒………1个

调味料

盐…………1/2小匙
细砂糖……1/2小匙
米酒…………1大匙
水……………2大匙
香油…………1小匙

做法

1.广式腊肠放入蒸锅中，以大火蒸约10分钟至熟后切薄片备用。
2.蘑菇洗净切片；蒜苗洗净切斜片；红辣椒洗净去籽切片，备用。
3.热锅，倒入少许油（材料外），以小火爆香红辣椒片后，加入腊肠片略煸炒约10秒，再加入蘑菇片、蒜苗片及盐、细砂糖、米酒、水，大火快炒约30秒，最后淋上香油即可。

干锅肥肠

材料

肥肠200克、四季豆100克、干辣椒30克、花椒10克、葱段20克、蒜碎20克

调味料

乌醋1大匙、酱油膏1大匙、红油汤3大匙、糖1大匙

做法

1.将四季豆洗净切段；肥肠洗净，放入沸水中煮软后捞起切片备用。
2.取油锅，放入四季豆段、肥肠片略炸后捞出备用。
3.锅内留少许油，放入其余材料爆香，再倒入炸好的四季豆段及肥肠片，最后加入全部调味料拌炒均匀至收汁即可。

红油汤

材料

A.牛油1800克、花椒600克、红辣椒600克、月桂叶80克、八角80克、豆豉200克、葱（炸焦）600克、姜600克
B.高汤6000毫升

做法

1.先将牛油放入锅中使之熔化，再放入材料A中其余部分炒香，炒匀后盛起备用。
2.取一容器倒入高汤煮沸，再放入做法1的材料，继续煮沸即可。

姜丝炒肥肠

材料

肥肠……………………450克
嫩姜丝 …………………80克
红辣椒丝……………… 10克
葱段…………………… 10克

调味料

A.黄豆酱……………1小匙
盐……………………1小匙
砂糖 …………… 1/2小匙
米酒…………………1大匙
B.白醋………………3大匙
香油…………………1大匙

做法

1.将肥肠用粗盐（材料外）抓拌均匀再洗净，切成段放入沸水中稍汆烫，备用。
2.锅烧热，放入嫩姜丝，加入盐、砂糖、米酒炒透，捞起备用。
3.锅中放入适量油（材料外），加入做法1、做法2的材料和红辣椒丝、葱段，以及黄豆酱，用大火拌炒均匀。
4.起锅前加入白醋和香油拌匀即可。

炒菜美味笔记

姜丝炒肥肠美味的关键就在于肥肠要软硬适中，姜丝要嫩，味道要够酸。肥肠最怕入口嚼不烂或是软烂无嚼劲。肥肠先用粗盐抓拌，清洗时去除薄膜但不要将油脂完全洗除，下锅炒之前，可以先在沸水中汆烫5秒，这样就能保持肥肠最适口的口感。

四季豆炒肥肠

材料

卤肥肠………300克
四季豆………200克
碎虾米………20克
蒜末……………10克
红辣椒末………20克
葱花……………20克

调味料

盐…………1/4小匙
鸡精…………1小匙
料酒…………2大匙

做法

1.将卤肥肠切圈；四季豆去头尾并剥除两侧粗丝，备用。
2.热锅，倒入约500毫升的油（材料外），将油温烧热至约180℃，放入四季豆炸约1分钟至干香后捞起，沥干油，备用。
3.放入卤肥肠圈，炸至干香后取出，沥干油备用。
4.锅中留少许油，以小火爆香蒜末、红辣椒末、葱花，再放入碎虾米炒香，加入所有调味料炒匀。
5.加入四季豆及卤肥肠圈，炒至干香即可。

炒菜美味笔记

地道的四季豆炒肥肠要吃的是酥酥脆脆的口感，而不是软嫩的口感，因此市售的肥肠不管是卤的、烫的，甚至没事先处理过的，都要先炸至干香，再入锅与四季豆快炒，这样吃起来才会有酥香的口感。

韭菜炒猪血

材料

猪血…………300克
酸菜……………40克
韭菜……………60克
胡萝卜…………10克
葱…………………1根
姜………………10克

调味料

酱油…………1大匙
细砂糖 ……1/2小匙
白胡椒粉…1/2小匙
米酒…………1大匙

做法

1.猪血洗净切块，酸菜洗净切片，均放入沸水中氽烫，捞起备用。
2.韭菜洗净切段；胡萝卜洗净切片；葱洗净切段；姜洗净切片，备用。
3.锅烧热，放入适量油（材料外），加入姜片、葱段和胡萝卜片炒香，再放入猪血块和酸菜片。
4.最后加入所有调味料和韭菜段，快炒均匀即可。

韭菜炒猪肝

材料

A. 猪肝……200克
胡萝卜片…10克
韭菜段……40克
B. 酸笋片……40克
姜片…………10克
葱段…………10克

调味料

盐……………1小匙
细砂糖……1/2小匙
米酒…………1大匙
白胡椒粉…1/6小匙

做法

1.将猪肝洗净切厚片，裹少许淀粉（材料外），放入沸水中氽烫后捞起备用。
2.锅烧热，放入少许油（材料外），加入材料B炒香。
3.放入猪肝片、胡萝卜片和所有调味料，以大火快炒。
4.最后拌入韭菜段即可。

菠菜炒猪肝

材料

猪肝…………150克
菠菜………… 300克
蒜仁………………2瓣

调味料

盐………… 1/2小匙
橄榄油 …… 1/2小匙

腌料

酒……………… 1小匙
酱油………… 1小匙
水……………… 1大匙
淀粉……… 1/2小匙

做法

1. 猪肝洗净切片后，加入腌料搅拌均匀放置15分钟。
2. 菠菜洗净切小段沥干；蒜仁切片，备用。
3. 煮一锅水，将猪肝汆烫至八分熟后，捞起沥干备用。
4. 取一不粘锅放橄榄油后，爆香蒜片，先放入菠菜段略炒，再加入猪肝片拌炒。
5. 加盐后略为拌炒，即可盛盘。

沙茶爆猪肝

材料

猪肝…………150克
红辣椒片……… 30克
姜末……………… 5克
葱段…………… 50克

调味料

A.米酒……… 1大匙
　淀粉……… 1小匙
B.沙茶酱…… 2大匙
　盐……… 1/4小匙
　细砂糖… 1/2小匙
　米酒……… 2大匙
　香油……… 1小匙

做法

1. 猪肝洗净沥干，切成片，用调味料A抓匀腌渍约2分钟。
2. 热锅，倒入4大匙色拉油（材料外），放入猪肝片大火快炒至表面变白后，捞起沥油备用。
3. 锅底留少许油，以小火爆香葱段、姜末及红辣椒片，加入沙茶酱炒香后，放入猪肝片快速翻炒，再加入盐、细砂糖和米酒炒约30秒至汤汁收干，最后淋上香油即可。

胡麻油炒猪肝

材料

猪肝…………350克
老姜片…………5克
葱段………………2根
蒜片………………3瓣
红辣椒丝………5克

调味料

胡麻油………2大匙
鸡精…………1小匙
糖………………1小匙
盐…………1/2小匙
淀粉…………2大匙

做法

1.猪肝切成小片，再拍上薄薄的淀粉备用。
2.烧一锅热水，将猪肝放入其中略汆烫，捞起备用。
3.起锅，加入胡麻油烧热，先爆香老姜片，再放入猪肝片和葱段、蒜片、红辣椒丝和其余调味料，以中火略翻炒均匀即可。

炒菜美味笔记

一定要先将老姜片爆炒至干，再加入猪肝和其他材料翻炒，吃起来的口感才不会过于辛辣。

生炒猪心

材料
猪心…………150克
葱段…………40克
姜片…………10克

调味料
盐…………1/4小匙
酱油…………1大匙
米酒…………1大匙
乌醋…………1小匙
糖…………1小匙
香油…………1大匙
水…………3大匙

做法
1.猪心切片，备用。
2.热一炒锅，加入少许色拉油（材料外），放入葱段、姜片爆香，接着放入猪心片及所有调味料，转大火炒匀即可。

炒菜美味笔记

猪心切好后先加些米酒略抓匀，再放入锅中拌炒，可以有效去除腥味。

酸菜炒肚丝

材料
卤猪肚…………150克
芹菜段…………30克
蒜末…………10克
红辣椒片…………10克
酸菜丝…………30克

调味料
酱油…………1大匙
糖…………1小匙
米酒…………1大匙
乌醋…………1大匙
香油…………1大匙

做法
1.卤猪肚切丝，备用。
2.热锅，加入少许色拉油(材料外)，放入其他材料炒香，接着加入卤猪肚丝和所有调味料炒匀即可。

炒菜美味笔记

买卤好的猪肚比较方便。如果买生猪肚回家自己卤，可以用少许八角与适量酱油卤约1.5小时，这样猪肚才咬得烂。

猪肚炒蒜苗

材料

熟猪肚 ……… 350克
蒜苗 ……………… 3根
芹菜 …………… 50克
红辣椒 ………… 3个
蒜仁 ……………… 3瓣

调味料

沙茶酱 ……… 1小匙
米酒 …………… 1大匙
香油 …………… 1小匙
盐 …………… 1/2小匙
白胡椒粉 … 1/6小匙

做法

1.熟猪肚切小条备用。
2.蒜苗和芹菜洗净切斜段；红辣椒和蒜仁洗净切片备用。
3.起锅，加入少许油（材料外）烧热，放入做法2的材料爆香，再加入猪肚条和所有调味料炒匀至汤汁略收即可。

胡麻油腰花

材料

猪腰子……300克
老姜片……50克
枸杞……10克
葱段……20克

调味料

胡麻油……4大匙
酱油……1大匙
米酒……4大匙

做法

1.枸杞用冷水泡软后捞出；猪腰子洗净后划十字刀，再切块，加入2大匙米酒腌制约10分钟，备用。
2.冷锅加入胡麻油，接着加入老姜片炒香，再加入猪腰子块炒至熟，起锅前加入其余调味料与枸杞炒匀即可。

炒菜美味笔记

猪腰子内膜一定要先刮除干净，并用流动的水冲约5分钟，切花后再泡水约10分钟才可去除腥味。

蒜香猪皮

材料

卤猪脚皮……120克
蒜末……30克
红辣椒片……10克
蒜苗片……60克

调味料

酱油……1大匙
米酒……1大匙
乌醋……1小匙
糖……1小匙
香油……1小匙

做法

1.猪脚皮切条，备用。
2.热锅，加入少许色拉油（材料外），放入蒜末、红辣椒片、蒜苗片炒香，接着加入猪脚皮与所有调味料炒匀即可。

炒菜美味笔记

猪脚皮要先卤过才会软滑，买市售的最方便，拌炒均匀就能入味。

黑胡椒牛柳

材料

牛肉200克、洋葱丝150克、红辣椒丝5克、蒜末30克

调味料

粗黑胡椒粉2小匙、番茄酱1小匙、水3大匙、盐1/4小匙、细砂糖1小匙、水淀粉1小匙、香油1小匙

腌料

小苏打粉1/4小匙、淀粉1小匙、酱油1小匙、蛋清1大匙

做法

1.将牛肉切片与腌料拌匀，腌渍约2分钟备用。
2.热锅，倒入约2大匙油（材料外），加入牛肉片以大火快炒至牛肉片表面变白即捞出。
3.另热一锅，倒入1大匙油（材料外），以小火爆香洋葱丝、红辣椒丝及蒜末后，加入粗黑胡椒粉略翻炒几下，接着加入番茄酱、水、盐及细砂糖拌匀。
4.下牛肉片，转大火快炒10秒后，以水淀粉勾芡，再淋上香油炒匀即可。

酱爆牛柳

材料

牛肉200克、洋葱80克、青辣椒60克、蒜末5克、姜末5克

调味料

辣椒酱1大匙、番茄酱2大匙、高汤50毫升、细砂糖1小匙、水淀粉1/2小匙

腌料

嫩肉粉1/4小匙、淀粉1小匙、酱油1小匙、蛋清1大匙

做法

1.牛肉洗净切片，用腌料拌匀腌渍约15分钟备用。
2.洋葱、青辣椒切成丝，洗净沥干，备用。
3.热锅，倒入约2大匙油（材料外），将牛肉片放入锅中以大火快炒至牛肉片表面变白即捞出。
4.另热一锅，倒入1大匙油（材料外），先以小火爆香蒜末、姜末后，加入辣椒酱及番茄酱拌匀，转小火炒至油变红且香味溢出。
5.倒入高汤、细砂糖、青辣椒及洋葱大火快炒约10秒，加入牛肉片快炒5秒后，加入水淀粉勾芡即可。

蚝油牛肉

材料

牛肉180克、鲜香菇50克、葱段1根、姜片8克、红辣椒片30克

调味料

色拉油1大匙、蚝油1大匙、酱油1小匙、水1大匙、水淀粉1小匙、香油1小匙

腌料

嫩肉粉1/8小匙、小苏打1/8小匙、水1大匙、淀粉1小匙、酱油1小匙、蛋清1大匙

做法

1.牛肉切片后用腌料抓匀，腌渍约20分钟后，加入1大匙色拉油抓匀；鲜香菇汆烫后冲凉沥干切片，备用。
2.热锅，倒入约200毫升色拉油（材料外），以大火将油温烧热至约100℃后放入牛肉片，快速拌炒开至牛肉片表面变白即可捞出。
3.将油倒出，于锅底留少许油，以小火爆香姜片、葱段、红辣椒片后，放入鲜香菇片、蚝油、酱油及水炒匀，再加入牛肉片，以大火快炒约10秒后，加入水淀粉勾芡炒匀，最后淋入香油即可。

芥蓝炒牛肉

材料

芥蓝200克、牛肉片180克、鲜香菇片50克、葱段20克、姜末10克、姜片8克、红辣椒片10克

调味料

色拉油1大匙、蚝油1大匙、酱油1小匙、水1大匙、水淀粉1小匙、香油1小匙

腌料

嫩肉粉1/8小匙、水1大匙、淀粉1小匙、酱油1小匙、蛋清1大匙

做法

1.牛肉片以腌料腌渍约20分钟，加入色拉油抓匀；芥蓝洗净挑出嫩叶，将较老的菜梗剥去粗丝切小段，备用。
2.热锅，倒入约200毫升色拉油（材料外），大火烧至约100℃，放入牛肉片快速拌炒至表面变白捞出。
3.将油倒出，留少许油，放入姜末及芥蓝，加入2大匙水及1/4小匙盐（材料外），炒至芥蓝软化且熟后取出摆盘。
4.热锅，加入少许油，以小火爆香葱段、姜片、红辣椒片后，放入鲜香菇片、蚝油、酱油及水炒匀，加入牛肉片以大火快炒约10秒后加入水淀粉拌匀，淋入香油，放在芥蓝上即可。

葱爆牛肉

材料

牛肉150克、葱2根、姜20克、红辣椒10克

调味料

蚝油1小匙、盐1/2小匙、米酒1大匙、细砂糖1小匙、香油1大匙

腌料

酱油1小匙、胡椒粉1/2小匙

做法

1.牛肉洗净切片，加入腌料抓匀，腌渍约10分钟后，过油沥干；葱洗净切段；姜、红辣椒洗净切片，备用。
2.热锅，加入适量色拉油（材料外），放入葱段、姜片、红辣椒片以中大火炒香，再加入牛肉片及所有调味料，快炒均匀即可。

炒菜美味笔记

烹煮牛肉前，只要经过简单腌渍并过油，就能锁住水分，葱爆牛肉炒起来就会香嫩入口。

滑蛋牛肉

材料

鸡蛋……………………2个
牛肉片………………30克
葱花…………………20克

调味料

盐…………………1/4小匙
鸡精………………1/8小匙
胡椒粉……………1/8小匙

腌料

酱油………………1/2小匙
米酒………………1/2小匙
淀粉………………1/2小匙

做法

1.将牛肉片加入所有腌料拌匀，静置约15分钟，备用。
2.将腌好的牛肉片倒入约120℃油锅内过油，至肉色变白后捞出。
3.鸡蛋打散成蛋液，加入所有调味料拌匀，再加入牛肉片、葱花，一起混合均匀。
4.热锅，加入2大匙色拉油（材料外），倒入做法3的所有材料。
5.以小火用锅铲慢推蛋液，至凝固呈八分熟即可起锅。

泡菜炒牛肉

材料

泡菜…………100克
肥牛肉………100克
蒜苗…………40克
姜末…………10克

调味料

辣椒酱………1大匙
酱油…………1小匙
细砂糖………1小匙

做法

1.泡菜、蒜苗切小片；肥牛肉洗净切薄片，备用。
2.热锅，加入2大匙色拉油（材料外），放入肥牛片及姜末，以小火炒至肥牛片散开变白。
3.在锅中加入辣椒酱炒香，接着加入泡菜、蒜苗及酱油、细砂糖，大火翻炒约2分钟，至汤汁收干即可。

炒菜美味笔记

因为泡菜含有较多的汤汁，所以在炒的时候要记得先将汤汁滤掉再入锅，并将汤汁炒至收干，盛盘后才不会看起来汤汤水水，且让口感变差。

芦笋炒牛肉

材料

牛肉片100克、芦笋100克、胡萝卜80克、姜丝20克

调味料

味噌酱2小匙、细砂糖1小匙、米酒1大匙、水1大匙

腌料

淀粉1小匙、嫩肉粉1/6小匙、酱油1大匙、米酒1小匙、蛋清1大匙

做法

1.牛肉片用腌料抓匀，腌渍约5分钟；芦笋洗净，切小段；胡萝卜洗净，切长条备用。
2.热锅，加入约2大匙油（材料外），放入腌渍好的牛肉片大火快炒约30秒至表面变白，捞起沥油备用。
3.锅中留少许油，放入姜丝以小火爆香，再加入芦笋段、胡萝卜条及调味料，用小火煮约1分钟后，放入牛肉片快速翻炒约30秒即可。

酸姜牛肉丝

材料

牛肉110克、红辣椒40克、酸姜15克

调味料

白醋1大匙、细砂糖2小匙、水1大匙、水淀粉1小匙、香油1小匙

腌料

淀粉1小匙、酱油1小匙、蛋清1大匙

做法

1.将牛肉洗净切丝，加入腌料拌匀，腌渍约15分钟；红辣椒洗净去籽，切丝；酸姜切丝，备用。
2.热锅，加入约2大匙色拉油（材料外），加入牛肉丝，以大火快炒至牛肉丝表面变白盛出，备用。
3.再热一炒锅，加入1小匙色拉油（材料外），以小火爆香红辣椒丝、酸姜丝后，加入牛肉丝快炒5秒，接着加入白醋、细砂糖及水翻炒均匀，再加入水淀粉勾芡，最后淋上香油炒匀即可。

苦瓜炒牛肉

材料

牛肉条……………… 120克
苦瓜片……………… 100克
葱段………………… 30克
姜丝………………… 10克
红辣椒丝……………… 5克

腌料

盐 ………………… 1/4小匙
酱油………………… 1大匙
米酒………………… 1大匙
香油………………… 1大匙

调味料

酱油………………… 1大匙
蚝油………………… 1小匙
米酒………………… 1大匙
糖 ………………… 1小匙
香油………………… 1大匙

做法

1. 牛肉条中加入腌料抓匀后腌约20分钟，备用。
2. 热锅，加入少许色拉油（材料外），放入牛肉条炒至6分熟，盛出。
3. 锅内加入苦瓜片、葱段、姜丝、红辣椒丝炒香，接着加入牛肉条与所有调味料炒匀即可。

圆白菜炒牛肉片

材料

牛肉薄片150克、圆白菜300克、豇豆1根、蒜末20克、葱2根

调味料

甜面酱5克、豆瓣酱5克、酱油1小匙、米酒15毫升、糖10克

腌料

米酒1小匙、酱油1小匙、胡椒粉适量

做法

1. 豇豆去头去尾后，放入沸水中氽烫至熟，切适当长的段；所有调味料混合均匀，备用。
2. 牛肉薄片切段以腌料拌匀；圆白菜洗净撕成适当大小的片；葱洗净切段，备用。
3. 热锅，倒入适量色拉油（材料外），放入牛肉薄片煎成金黄色，再加入混合好的调味料炒匀。
4. 加入圆白菜片、蒜末、葱段拌炒入味，再加入豇豆段拌炒一下即可。

水莲菜炒牛肉

材料

水莲菜……300克
牛肉……150克
蒜仁……20克
红辣椒……5克

调味料

酱油膏……1大匙
米酒……1小匙
香油……1小匙
盐……1/6小匙
白胡椒粉……1/6小匙

做法

1. 水莲菜洗净切成小段，再泡入冷水中；牛肉切条；蒜仁与红辣椒均洗净切片，备用。
2. 热锅，先加入1大匙色拉油（材料外），再加入牛肉条炒香，炒至牛肉条变白后，加入蒜片和红辣椒片，再以大火翻炒均匀。
3. 加入处理好的水莲菜和所有的调味料，一起翻炒均匀即可。

牛肉粉丝

材料

粉丝2捆、牛肉片80克、鲜香菇40克、葱段10克、姜末5克、蒜末5克、蒜苗片20克、芹菜末5克、红辣椒丝5克

调味料

沙茶酱2大匙、蚝油1大匙、高汤150毫升、糖1/2小匙、香油1小匙

腌料

淀粉1小匙、嫩肉粉1/6小匙、酱油1大匙、米酒1小匙、蛋清1大匙

做法

1.粉丝泡水至软，切长段；鲜香菇洗净切片；牛肉片用腌料抓匀腌渍5分钟。
2.热锅，倒入2大匙油（材料外），放入牛肉片大火快炒约30秒，至表面变白捞出。
3.锅中留少许油，放入鲜香菇片、葱段、姜末、蒜苗片及蒜末爆香，再加沙茶酱炒香，加入蚝油、高汤、糖及粉丝煮沸，放入牛肉片，以中火拌炒至汤汁略收干，再加入芹菜末、红辣椒丝和香油炒匀即可。

菠萝炒牛肉

松子牛肉丁

孜然牛肉

干煸牛肉丝

菠萝炒牛肉

材料

牛肉140克、菠萝肉120克、姜片5克、红甜椒60克

调味料

A.色拉油1大匙、盐1/4小匙、白醋1大匙、番茄酱1大匙、细砂糖2大匙、水1大匙
B.水淀粉1/2大匙、香油1小匙

腌料

淀粉1小匙、蛋清1大匙、米酒1小匙

做法

1.牛肉洗净切片，加入腌料抓匀后腌渍约5分钟；菠萝肉、红甜椒洗净切片，备用。
2.热锅，加入1大匙色拉油，放入牛肉片，以大火快炒约30秒至牛肉变白散开，盛出沥干油。
3.锅底留少许油，以小火爆香姜片，接着加入菠萝片、红甜椒片及调味料A的剩余部分翻炒均匀，再加入牛肉片炒匀，最后以水淀粉勾芡，淋上香油即可。

松子牛肉丁

材料

牛肉200克、竹笋丁50克、红辣椒片20克、姜片10克、葱粒20克、松子仁20克

调味料

酱油1大匙、糖1/2小匙、米酒1小匙、水1大匙、淀粉1/2小匙

腌料

嫩肉粉1/4小匙、淀粉1小匙、酱油1小匙、蛋清1大匙

做法

1.牛肉洗净切丁，加入腌料拌匀，腌渍约15分钟；将所有调味料调匀成兑汁，备用。
2.热锅，加入约2大匙色拉油（材料外），放入牛肉丁以大火快炒至牛肉丁表面变白即盛出。
3.洗净锅子，热锅后加入1大匙色拉油（材料外），以小火爆香葱粒、红辣椒片、姜片后，加入竹笋丁炒匀，接着放入牛肉丁，转大火快炒5秒，边炒边淋入兑汁炒匀，最后加入松子仁炒匀即可。

孜然牛肉

材料

牛肉…………200克
葱段…………60克
蒜片…………20克
干辣椒…………10克

调味料

盐…………1/4小匙
孜然粉…………1小匙
胡椒粉…………1/2小匙

腌料

嫩肉粉…………1/4小匙
淀粉…………1大匙
酱油…………1小匙
蛋清…………1大匙

做法

1.牛肉切成条，加入腌料抓匀后腌渍20分钟，备用。
2.热锅，加入500毫升色拉油（材料外），加热至160℃左右，放入牛肉条，以大火炸约30秒，捞出沥干油。
3.将锅中多余的油倒出，以小火爆香葱段、蒜片及干辣椒，接着加入牛肉条和所有调味料炒匀即可。

干煸牛肉丝

材料

牛肉丝150克、四季豆30克、红辣椒丝少许、蒜末1/4小匙

调味料

料酒2小匙、酱油1小匙、细砂糖1/4小匙

腌料

蛋液2小匙、盐1/4小匙、酱油1/4小匙、米酒1/2小匙、淀粉1/2小匙

做法

1.四季豆洗净去蒂、切斜刀段，备用。
2.在牛肉丝中加入所有腌料，以筷子朝同一方向搅拌数十下，拌匀备用。
3.热锅，加入3大匙色拉油（材料外），放入牛肉丝以中火炒至变色，并分两次加入料酒，炒至表面略焦黄。
4.放入四季豆及蒜末、红辣椒丝炒匀，起锅前加入酱油与细砂糖，以中火炒约1分钟至炒匀即可。

青椒牛肉丝

材料

牛肉200克、青辣椒丝120克、胡萝卜丝100克、姜丝5克

调味料

A.酱油1小匙、水1大匙、蚝油1小匙、糖1小匙、米酒1小匙

B.色拉油3大匙、水淀粉1/2小匙、香油1小匙

腌料

嫩肉粉1/8小匙、小苏打1/8小匙、水1大匙、淀粉1小匙、酱油1小匙、蛋清1大匙

做法

1.牛肉洗净切丝，用腌料抓匀腌渍20分钟，加入1大匙色拉油抓匀备用。

2.热锅，加入约2大匙油，将牛肉丝下锅，以大火炒至牛肉丝表面变白即捞出。

3.锅中留少许油，以小火爆香姜丝后，再放入调味料A一起炒匀。

4.加入牛肉丝及青辣椒丝、胡萝卜丝，以大火快炒约30秒，加入水淀粉勾芡炒匀后，淋入香油即可。

双椒牛肉丝

材料

牛肉110克、青辣椒40克、红辣椒40克、姜丝15克

调味料

酱油2大匙、细砂糖1小匙、香油1小匙

腌料

嫩肉粉1/6小匙、淀粉1小匙、酱油1小匙、蛋清1大匙

做法

1.牛肉洗净切丝，用腌料拌匀腌渍约15分钟备用。

2.青辣椒、红辣椒去籽洗净，切丝备用。

3.取锅，加入约2大匙油（材料外）烧热，放入牛肉丝，大火快炒至牛肉表面变白即可捞起。

4.洗净锅子，倒入1小匙油（材料外）烧热，以小火爆香青辣椒丝、红辣椒丝和姜丝，放入牛肉丝快炒约5秒后，加入酱油及细砂糖，以大火快炒至汤汁略收干，淋上香油即可。

牛肉丝炒四季豆

材料

四季豆……300克
牛肉丝……50克
蒜末……1小匙

调味料

盐……1小匙
细砂糖……1/4小匙
鸡精……1/4小匙
色拉油……2大匙
淀粉……1小匙

做法

1. 四季豆去老丝，洗净对半折断备用。
2. 牛肉丝拌入淀粉，抓匀备用。
3. 锅烧热，倒入2大匙色拉油，放入蒜末爆香，先加盐，再放入四季豆，以小火炒至软。
4. 加入牛肉丝，转中火，炒至变白。
5. 加入其余调味料拌匀即可。

炒菜美味笔记

四季豆质地结实，不易煮透，也不容易入味。炒四季豆时先倒入油，放盐，再放入四季豆以小火焖炒，这样不仅可以炒得又脆又香，也比较容易入味。

松茸菇炒牛肉丝

材料

牛肉丝……150克
松茸菇……120克
洋葱……50克
红辣椒……1个

调味料

蚝油……1小匙
酱油……1大匙
糖……1/2小匙
盐……1/4小匙
橄榄油……1/2小匙

腌料

酒……1小匙
酱油……1小匙
水……1大匙
淀粉……1/2小匙

做法

1. 牛肉丝加入腌料搅拌均匀，放置15分钟。
2. 松茸菇洗净去根；洋葱和红辣椒洗净切丝备用。
3. 煮一锅水，将松茸菇汆烫捞起沥干，再放入牛肉丝汆烫至八分熟，捞起沥干备用。
4. 取不粘锅放油后，爆香洋葱丝、红辣椒丝。
5. 加入松茸菇、牛肉丝及其余调味料拌炒至熟即可。

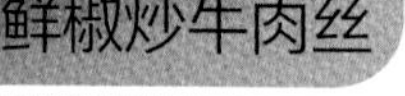
鲜椒炒牛肉丝

韭黄炒牛肉丝

香菜牛肉丝

干丝牛肉

鲜椒炒牛肉丝

材料

牛肉丝200克、青辣椒60克、红甜椒30克、黄甜椒30克、洋葱30克、香菜10克、蒜仁2颗

调味料

盐1/2小匙、糖1/2小匙、酱油1小匙、橄榄油1/2小匙

腌料

酒1小匙、酱油1小匙、水1大匙、淀粉1/2小匙

做法

1. 牛肉丝加入腌料搅拌均匀，放置15分钟。
2. 青辣椒、红甜椒、黄甜椒洗净切条；洋葱洗净切丝；香菜洗净切段；蒜仁切片备用。
3. 煮一锅水，将牛肉丝汆烫至八分熟后，捞起沥干备用。
4. 取一不粘锅放橄榄油后，爆香蒜片、洋葱丝，加入青辣椒、红甜椒、黄甜椒条拌炒。
5. 加入牛肉丝及其余调味料拌炒至熟。
6. 起锅前拌入香菜段即可。

韭黄炒牛肉丝

材料

牛肉丝……150克
韭黄……200克
泡发木耳……100克
胡萝卜……30克
蒜仁……2颗

调味料

鸡精……1/2小匙
橄榄油……1/2小匙

腌料

酒……1小匙
酱油……1小匙
水……1大匙
淀粉……1/2小匙

做法

1. 牛肉丝加入腌料搅拌均匀，放置15分钟。
2. 韭黄洗净切段沥干；泡发木耳和胡萝卜洗净切丝沥干；蒜仁切片备用。
3. 煮一锅水，将牛肉丝放入水中汆烫至八分熟后，捞起沥干备用。
4. 取一不粘锅放橄榄油后，先爆香蒜片，再放入韭黄段、木耳丝、胡萝卜丝及少许水（材料外）拌炒，接着加入牛肉丝及鸡精拌炒均匀即可。

香菜牛肉丝

材料

牛肉丝……150克
香菜梗……5根
葱……1根
蒜仁……2颗
红辣椒……1个

腌料

酱油……1小匙
砂糖……1小匙
香油……1小匙
淀粉……1大匙

调味料

盐……1/2小匙
白胡椒粉……1/6小匙
香油……1小匙
米酒……1大匙
水淀粉……1/2大匙

做法

1. 将牛肉丝放入容器中，加入所有腌料，腌渍约10分钟，再放入沸水中，快速汆烫，捞起备用。
2. 香菜梗洗净切段，葱洗净切丝，红辣椒洗净切丝，蒜仁切片。
3. 锅烧热，加入1大匙色拉油（材料外），再加入蒜片、红辣椒丝以中火爆香，再加入汆烫好的牛肉丝和葱丝翻炒均匀。
4. 加入所有调味料和香菜梗拌炒均匀即可。

干丝牛肉

材料

牛肉丝80克、宽干丝100克、姜丝30克、红辣椒丝30克、葱丝30克

调味料

酱油3大匙、细砂糖1大匙、水5大匙、香油1小匙

腌料

淀粉1小匙、酱油1小匙、蛋清1大匙、油适量

做法

1. 牛肉丝加入腌料中的淀粉及酱油拌匀，再加入蛋清搅拌，最后加入油，腌渍备用。
2. 热油锅，加入牛肉丝炒开，待表面变白后，起锅沥油备用。
3. 加入姜丝及红辣椒丝拌炒，再加入宽干丝及酱油，然后加入细砂糖及水，烧至酱汁快干；最后加入牛肉丝及葱丝，炒至酱汁收干，淋入香油即可。

黄花菜云耳炒牛腱

材料

冷冻牛腱心1条、干云耳30克、干黄花菜20条、姜片1小匙、葱段1大匙、红辣椒丝5克、红葱末1小匙

调味料

水140毫升、蛋液1小匙、盐1/4小匙、糖1/4小匙、酱油1/2小匙、淀粉1小匙、油1大匙

腌料

辣豆瓣酱1小匙、蚝油1小匙、糖1/4小匙

做法

1.牛腱心解冻后，切成0.3厘米厚的片，加入腌料混合拌匀备用。
2.干云耳和干黄花菜泡水至涨发，洗净沥干。
3.取锅，加入油（材料外），将牛腱心片以低温过油，至其表面变白后，捞出沥油。
4.另取锅，加入1大匙油，放入姜片和酱油略炒，再加入做法2、做法3的材料和其余的材料快炒。
5.加入其余调味料，以小火煮约5分钟即可。

韭黄牛肚

材料

熟牛肚150克、韭黄段100克、竹笋丝20克、红辣椒丝10克

调味料

A.蒜末5克、酱油1小匙、白醋1小匙、米酒1大匙
B.酱油1小匙、盐1/4小匙、细砂糖1小匙、米酒1小匙、白胡椒粉1/6小匙
C.水淀粉1大匙、香油1小匙

做法

1.热锅，放入切丝的熟牛肚，加入1大匙色拉油（材料外）和调味料A炒匀，捞起备用。
2.另取锅，加入1大匙色拉油（材料外），放入其余材料爆香，再放入做法1的牛肚丝和调味料B炒匀，最后加入水淀粉勾芡，并淋上香油即可。

沙茶羊肉

材料

羊肉片150克、空心菜300克、蒜仁3颗、红辣椒1个

调味料

A.沙茶酱2大匙、酱油1小匙、盐1/6小匙、细砂糖1/2小匙、料酒1小匙、水1大匙
B.水淀粉1小匙、香油1小匙

腌料

淀粉2小匙、米酒1大匙

做法

1.羊肉片以腌料抓匀腌渍20分钟。
2.空心菜切小段，洗净沥干；蒜仁切碎；红辣椒洗净切片，备用。
3.热锅，倒入约2大匙油（材料外），羊肉片下锅以大火快炒至其表面变白即捞出。
4.锅中再倒入1大匙油（材料外），以小火爆香蒜碎、红辣椒片及沙茶酱后，加入调味料A的剩余部分炒匀。
5.再加入羊肉片，以大火快炒5秒后，加入空心菜段炒约半分钟至熟，加入水淀粉勾芡炒匀，淋入香油即可。

三杯羊肉

材料

羊肉片200克、罗勒30克、蒜仁10颗、红辣椒2个、去皮老姜50克

调味料

米酒3大匙、酱油膏2大匙、糖1大匙、胡麻油2大匙、淀粉1小匙

做法

1.羊肉片加入淀粉抓匀，备用。
2.老姜切片；蒜仁切去两端；罗勒洗净摘去老梗；红辣椒洗净切段，备用。
3.热锅，放入胡麻油、老姜片、蒜仁，以小火炒至呈金黄色后盛出，备用。
4.锅中放入羊肉片，以大火炒至肉色变白后盛出，备用。
5.原锅中加入剩余调味料及姜片、蒜仁，以小火炒至汤汁浓稠后，放入羊肉片、红辣椒段、罗勒，以大火快速炒匀即可。

西红柿炒羊肉

材料

羊肉片……150克
西红柿……1个
洋葱……30克
荷兰豆荚……5个
姜末……1/2小匙

调味料

A.盐……1/2小匙
糖……1小匙
蚝油……2小匙
番茄酱……2小匙
水……1/2杯
B.水淀粉……1大匙
淀粉……1小匙

做法

1.西红柿洗净切块；洋葱洗净切片；荷兰豆荚摘除老梗，洗净备用。
2.羊肉片加入淀粉拌匀，备用。
3.热锅，加入2小匙色拉油（材料外）润锅，放入羊肉片，以大火炒至肉色变白后盛出，备用。
4.锅内放入姜末、西红柿块、洋葱片炒匀，再加入调味料A、羊肉片、荷兰豆荚，以中火炒约2分钟，起锅前加水淀粉勾芡拌匀即可。

羊肉炒青辣椒

材料

羊肉片1盒、青辣椒150克、红辣椒1个、豆豉1小匙、蒜仁2颗

调味料

盐1/2小匙、糖1/2小匙、鸡高汤2大匙、米酒1大匙、香油1小匙

腌料

酱油1小匙、米酒1小匙、淀粉1小匙

做法

1.羊肉片加入腌料抓匀略腌备用。
2.豆豉洗净泡水；蒜仁切碎；青辣椒洗净切段；红辣椒洗净切片，备用。
3.热锅，加入1大匙油（材料外）烧热，放入豆豉、蒜碎爆香后，再放入羊肉片炒开，加入青辣椒段、红辣椒片和除香油外的所有调味料，以大火炒至羊肉全熟，再淋上香油即可。

生炒芥蓝羊肉

材料

羊肉片………120克
葱段……………20克
蒜片……………20克
红辣椒片………10克
芥蓝…………100克

调味料

A.蚝油………1大匙
酱油………1小匙
细砂糖……1小匙
米酒………1大匙
B.水淀粉……1大匙
香油………1小匙

腌料

酱油…………1小匙
白胡椒粉…1/6小匙
香油…………1小匙
淀粉…………1小匙

做法

1.羊肉片加入腌料腌10分钟；芥蓝洗净切斜段备用。
2.热锅，放入1大匙色拉油（材料外），加入葱段、蒜片、红辣椒片爆香。
3.加入芥蓝段、腌羊肉片和调味料A炒匀，再加入调味料B勾芡提香即可。

咖喱羊肉

羊肉酸菜炒粉丝

金针菇炒羊肉

苦瓜羊肉片

咖喱羊肉

材料

羊肉片1盒、洋葱1/2个、蒜末20克、红辣椒1个、玉米笋60克、西蓝花60克

调味料

咖喱粉1大匙、郁金香粉1/6小匙、盐1/2小匙、糖1/3小匙、水1/2杯、酱油1小匙

腌料

酱油1小匙、米酒1小匙、淀粉1小匙

做法

1.羊肉片加入腌料抓匀，略腌备用。
2.洋葱洗净切块；红辣椒洗净切末；玉米笋、西蓝花放入沸水中汆烫熟。
3.热锅，加入1大匙油（材料外），先放入蒜末、洋葱块、红辣椒末爆香，再加入咖喱粉、郁金香粉炒香，然后放入羊肉片炒散，再加入其余调味料煮开，最后加入玉米笋及西蓝花拌炒均匀即可。

羊肉酸菜炒粉丝

材料

羊肉片………150克
酸白菜………80克
粉条………1把
姜末………1/2小匙

调味料

盐………1/2小匙
糖………1/4小匙
水………300毫升
淀粉………1小匙

做法

1.酸白菜洗净切丝；粉条泡水至软，切小段备用。
2.羊肉片加入淀粉拌匀，备用。
3.热锅，加入2小匙色拉油（材料外）润锅，放入羊肉片，以大火炒至肉色变白后盛出，备用。
4.锅内放入姜末、酸白菜丝，以小火炒约2分钟，再放入羊肉片、粉条段和其余调味料，以小火焖煮约5分钟即可。

金针菇炒羊肉

材料

羊肉片………120克
金针菇………30克
红甜椒………20克
青辣椒………20克
姜………20克

调味料

盐………1小匙
糖………1/2小匙
米酒………1大匙
香油………1大匙

做法

1.金针菇切除根部，洗净剥开成小把；红甜椒、青辣椒、姜洗净切丝，备用。
2.热锅，倒入适量油（材料外），放入姜丝爆香，再放入红甜椒丝、青辣椒丝炒匀。
3.加入金针菇、羊肉片及所有调味料炒熟即可。

苦瓜羊肉片

材料

羊肉片………120克
苦瓜………80克
蒜仁………20克
红辣椒………20克

调味料

盐………1/2小匙
糖………1/2小匙
米酒………1大匙
酱油………1小匙
香油………1大匙
白胡椒粉……1/2小匙

做法

1.苦瓜去籽、去内部白膜后，切片汆烫；蒜仁切片；红辣椒洗净切片，备用。
2.热锅，倒入适量油（材料外），放入蒜片、红辣椒片爆香。
3.放入苦瓜片、羊肉片及所有调味料炒匀即可。

三羊开泰

材料

羊肉片……250克
口蘑片……80克
洋葱……1/3个
胡萝卜……20克
蒜仁……2颗
葱……1根

调味料

酱油……1大匙
米酒……1大匙
乌醋……1小匙
香油……1小匙

腌料

米酒……1小匙
盐……1/4小匙
淀粉……1小匙

做法

1.羊肉片用腌料腌约10分钟后，放入热油锅中过油，捞起备用。
2.洋葱、胡萝卜去皮切片；将口蘑片与胡萝卜片放入沸水中汆烫；蒜仁切片、葱切段备用。
3.热锅，倒入2大匙油（材料外），放入蒜片、葱段、洋葱片爆香，再放入口蘑片和胡萝卜片略炒，加入羊肉片和酱油、米酒、乌醋拌炒均匀，最后淋上香油即可。

西芹炒羊排

材料

羊排……3根
西芹……2棵
胡萝卜……20克
洋葱……1/2个
蒜仁……2颗
红辣椒……1个

调味料

盐……1小匙
酱油……1大匙
糖……1小匙
黑胡椒粗粉……1小匙

腌料

西芹……10克
胡萝卜……10克
洋葱……1/3个
水……600毫升

做法

1.腌料中的西芹、胡萝卜和洋葱都洗净切小块；羊排放入腌料中腌约20分钟，备用。
2.将材料中的红辣椒和西芹洗净切片；胡萝卜和洋葱洗净切丝；蒜仁切片，备用。
3.将羊排放入油锅煎过，再将做法2的蔬菜加入一起翻炒。
4.加入所有的调味料一起拌匀即可。

炒菜美味笔记

炒三杯鸡时，通常加入罗勒稍拌炒一下就起锅，但是罗勒会出水，容易造成汤汁未收干而不入味。因此，我们在家用炒菜锅做三杯鸡时，下入罗勒后一定要将汤汁收干，才能让罗勒的香气完整渗入；用砂锅烹煮也是同样的道理，盖上砂锅盖时，要将汤汁收干才可熄火。

三杯鸡

材料

土鸡……300克
蒜仁……30克
姜片……30克
红辣椒块……10克
罗勒……5克

调味料

盐……1小匙
糖……2/3大匙
白胡椒粉……1大匙
酱油……80毫升
胡麻油……80毫升
米酒……80毫升

做法

1. 土鸡洗净剁成块，放入锅中，加适量油（材料外），以中火炒香后捞起备用。
2. 将蒜仁、姜片、红辣椒块放入锅中以中小火炒香，再放入土鸡块、胡麻油、米酒以及其余调味料，转中火翻炒均匀，盖上锅盖焖煮至汤汁略收干。
3. 起锅前加入罗勒，再以大火收汁即可。

炒菜美味笔记

宫保鸡丁吃起来就是要滑嫩但又不能汤汤水水，但是一般勾芡的方式是将调味料与水淀粉分开加入，这样虽然调味料中的汤汁会变浓稠，但还是会有大量的水分。而事先调兑汁的方式，就是在调味酱汁中加入水淀粉，最后一起淋入锅中，这样酱汁就会直接裹在鸡肉上，而不会有多余的汤汁。另外蒜味花生最后加入，也能保持花生的香脆，这样整道菜吃起来就更清爽不糊烂了。

宫保鸡丁

材料

鸡腿肉……400克
干辣椒……8克
蒜末……5克
姜末……5克
葱……20克
蒜味花生……4大匙

调味料

A.白醋……1大匙
酱油……1大匙
水……1大匙
细砂糖……2小匙
淀粉……1小匙
B.香油……1大匙

腌料

酱油……1大匙
淀粉……2大匙
米酒……1小匙
蛋清……1大匙

做法

1. 鸡腿肉用刀在表面交叉划深约0.5厘米的刀痕后切小块，用腌料抓匀腌渍5分钟后，加入1大匙油（材料外）拌匀备用。
2. 葱洗净切小段；将调味料A调匀成兑汁，备用。
3. 热锅，倒入约500毫升的油（材料外）烧热至约120℃，再将鸡腿肉块入锅，以中火炸约2分钟至干香后，捞起沥干油备用。
4. 锅中留1大匙油，以小火爆香干辣椒、葱段、姜末、蒜末，放入鸡腿肉以大火快炒10秒后，边炒边将兑汁淋入炒匀，最后再将蒜味花生和香油倒入炒匀即可。

辣子鸡丁

材料

鸡胸肉……… 300克
干辣椒段……… 80克
葱……………………2根
蒜末………………10克

腌料

酱油…………… 1小匙
盐…………… 1/4小匙
细砂糖 ……… 1/2小匙
淀粉…………… 1小匙

调味料

盐……………… 1小匙
细砂糖 ……… 1/2小匙

做法

1. 将鸡胸肉洗净剁丁，加入所有腌料腌15分钟；干辣椒段泡水；葱洗净切段，备用。
2. 取锅，倒适量油（材料外）烧热，将腌好的鸡胸肉丁过油，炸至表面金黄后捞出，并将油倒出。
3. 将锅重新加热，放入蒜末、干辣椒段以小火炒1分钟，再放入葱段，以小火炒2分钟。
4. 加入鸡胸肉丁，再加入所有调味料拌炒均匀即可。

糖醋鸡丁

材料

鸡胸肉300克、洋葱1/2个、葱2根、蒜仁2颗、地瓜粉2大匙

调味料

白醋1大匙、番茄酱2大匙、米酒3大匙、细砂糖1大匙、香油1小匙

腌料

酱油膏3大匙、淀粉1小匙、五香粉1小匙

做法

1. 鸡胸肉洗净切丁，放入混匀的腌料中腌渍30分钟后，沾上地瓜粉备用。
2. 洋葱洗净切丝；葱洗净切段；蒜仁拍扁备用。
3. 锅中倒入适量油（材料外），加热至温度约190℃，再放入鸡胸肉块油炸上色，捞起备用。
4. 热锅，加入1大匙色拉油（材料外），加入做法2的所有材料爆香，再放入炸鸡胸肉丁和所有调味料，以中火翻炒至鸡胸肉熟软即可。

酱爆鸡丁

材料

鸡胸肉……200克
红辣椒……1个
青辣椒……60克
姜末……10克
蒜末……10克

腌料

淀粉……1小匙
盐……1/8小匙
蛋清……1大匙

调味料

沙茶酱……1大匙
盐……1/4小匙
米酒……1小匙
细砂糖……1小匙
水……2大匙
水淀粉……1小匙
香油……1小匙

做法

1. 鸡胸肉洗净切丁，加入所有腌料抓匀后，腌渍约2分钟备用。
2. 红辣椒洗净去籽切片；青辣椒洗净切成小片备用。
3. 取锅烧热，倒入约2大匙油（材料外），加入鸡丁，以大火快炒约1分钟至八分熟，捞出备用。
4. 锅洗净烧热后，倒入1大匙油（材料外），以小火爆香蒜末、姜末、红辣椒片及青辣椒片，再加入沙茶酱、盐、米酒、细砂糖及水，拌炒均匀。
5. 加入鸡丁，以大火快炒5秒，再加入水淀粉勾芡，淋上香油即可。

香炸鸡丁

材料

鸡胸肉……200克
蒜仁……3颗
花生……1大匙
红辣椒片……5克
罗勒碎……1大匙

调味料

盐……1/4小匙
白胡椒……1克
酱油……1小匙
香油……1小匙

腌料

米酒……1大匙
香油……1大匙
淀粉……1大匙
砂糖……1小匙
盐……2克
白胡椒……1克

做法

1. 将鸡胸肉洗净切成小丁；所有腌料一起加入容器中搅拌均匀，备用。
2. 将鸡胸肉丁放入腌料中，抓匀后腌约15分钟，接着放入约180℃的油锅中炸成金黄色，捞出沥油。
3. 热锅，加入1大匙色拉油（材料外），放入蒜仁、红辣椒片爆香，接着放入鸡胸肉丁与所有调味料炒匀，最后放入花生、罗勒碎炒匀即可。

苹果鸡丁

材料

鸡胸肉……150克
苹果肉……80克
红甜椒……50克
葱段……20克
姜末……10克

调味料

甜辣酱……2大匙
米酒……1小匙
水淀粉……1小匙
香油……1小匙

腌料

淀粉……1小匙
盐……1/8小匙
蛋清……1大匙

做法

1. 鸡胸肉切丁后，用腌料抓匀，腌渍约2分钟；苹果肉切丁；红甜椒洗净切小片备用。
2. 热锅，加入约2大匙油（材料外），放入鸡丁大火快炒约1分钟至八分熟即可盛出。
3. 锅洗净，热锅，加入1大匙油（材料外），以小火爆香葱段、姜末及红甜椒片，再加入甜辣酱、米酒及鸡丁炒匀。
4. 加入苹果丁，用大火快炒5秒后，加入水淀粉勾芡，淋上香油即可。

秋葵西红柿炒鸡丁

材料

鸡胸肉150克、秋葵100克、西红柿100克、蒜仁2颗、葱1根

调味料

酱油1大匙、糖1/2小匙、盐1/2小匙、橄榄油1/2小匙

腌料

酒1小匙、酱油1小匙、水1大匙、淀粉1/2小匙

做法

1. 鸡胸肉洗净切丁，加入腌料拌匀放置15分钟。
2. 秋葵洗净；西红柿洗净切丁；蒜仁切片；葱洗净切段备用。
3. 煮一锅水汆烫秋葵，捞起冲冷水后切丁；再放入鸡丁汆烫至八分熟后，捞起沥干备用。
4. 取一不粘锅放橄榄油后，爆香蒜片和葱段，加入秋葵及西红柿丁、鸡丁拌炒后，再加入其余调味料拌炒均匀即可。

左宗棠鸡

材料

鸡腿肉450克、红辣椒5个、姜末30克、蒜末30克

腌料

酱油1小匙、香油1小匙、米酒1小匙、胡椒粉1/6小匙、淀粉1小匙

调味料

酱油1大匙、米酒1大匙、乌醋1大匙、番茄酱1小匙、糖1小匙、水3大匙、香油1小匙、辣椒油1小匙、水淀粉1大匙

做法

1. 将鸡腿肉去骨剁成块，加入所有腌料腌10分钟后，用160℃热油以小火炸熟，起锅前转大火逼油，捞起备用。
2. 将红辣椒洗净对半剖去籽，用140℃油温炸干，备用。
3. 取锅放入姜末、蒜末爆香，再加入鸡腿肉块、红辣椒拌炒均匀，再放入所有调味料炒香即可。

炒菜 美味笔记

这道料理为了突显肉质的鲜嫩口感，只是单纯地加入一些食材和调味料来清炒，并没有添加过重口味的酱料。另外，选择肉质较佳的鸡腿肉，并且事先经过腌渍、过油处理，也能更加突显肉质的鲜嫩。

双椒炒嫩鸡

材料

鸡腿肉……………200克
青辣椒………………1个
红甜椒………………1个
嫩姜…………………10克
鲜香菇………………2朵

调味料

白胡椒粉……………1小匙
盐…………………1/6小匙
酱油膏………………1大匙
鸡精…………………1小匙
水……………………2小匙
淀粉…………………2大匙

做法

1. 鸡腿肉去骨，切成小片，拌入淀粉，再放入冷油中，以小火炸至半熟后，捞起备用。
2. 将青辣椒和红甜椒洗净切小块；嫩姜洗净切片；鲜香菇洗净切成四等份，备用。
3. 热锅，以中火将鸡腿肉片稍稍炒过，再加入做法2的所有材料和其余调味料一起炒1分钟至均匀即可。

香菇炒嫩鸡片

材料

鲜香菇…………5朵
鸡胸肉………200克
蒜仁……………2颗
红辣椒…………1个
葱………………2根

调味料

盐……………1/4小匙
白胡椒粉…………1克
香油…………1小匙

腌料

淀粉…………1小匙
香油…………1小匙
盐……………1/4小匙
白胡椒粉…………1克
米酒…………1小匙

做法

1. 将鲜香菇去蒂洗净，切片；蒜仁切片；红辣椒、葱都洗净切片，备用。
2. 鸡胸肉洗净切小片，放入腌料中抓拌均匀，再放入沸水中汆烫过水，备用。
3. 取锅，加入1大匙色拉油（材料外）烧热后，加入做法1、做法2中的材料，以中火先爆香，再加入所有调味料一起翻炒均匀，炒至汤汁略收即可。

炒菜美味笔记

鸡胸肉切片时要注意纹路，必须逆纹切，口感才好；若是顺纹切，吃起来会一丝丝的，口感较差。

芹菜炒嫩鸡片

材料

鸡胸肉200克、芹菜3棵、葱2根、蒜仁2颗、红辣椒1/2个

调味料

香油1小匙、盐1/4小匙、白胡椒1克、水1/2大匙、米酒1小匙

腌料

淀粉1大匙、蛋清1个、米酒1小匙、盐1/4小匙、白胡椒粉1克、香油1小匙

做法

1. 将鸡胸肉切成小片，加入所有腌料腌渍约15分钟，接着放入沸水中汆烫约2分钟后，捞出沥干水分，备用。
2. 芹菜、葱洗净切小段；蒜仁切片；红辣椒洗净切片，备用。
3. 热锅，加入1大匙色拉油（材料外），放入除鸡胸肉片以外的所有材料以中火爆香，接着加入鸡胸肉片与所有调味料，翻炒均匀即可。

青葱炒鸡片

材料

鸡胸肉200克、竹笋1根、蒜仁5颗、葱2根、胡萝卜30克

调味料

盐1/2小匙、白胡椒1/6小匙、香油1小匙、酱油1小匙

腌料

香油1小匙、淀粉1大匙

做法

1. 鸡胸肉切成小薄片，与所有腌料混合均匀后，腌渍约5分钟。
2. 将腌渍好的鸡胸肉片放入水温约60℃的水中，浸泡约3分钟后捞起沥干，备用。
3. 竹笋切片；胡萝卜去皮后切片；蒜仁切片；葱洗净切段，备用。
4. 取锅，先加入1大匙色拉油（材料外），以中火爆香蒜片、葱段，再放入竹笋片和胡萝卜片，拌炒均匀。
5. 锅中加入泡软的鸡胸肉片及所有调味料，再以中火快速翻炒均匀即可。

莲藕炒鸡片

材料

鸡胸肉150克、莲藕150克、青辣椒2个、红辣椒2个、蒜仁2颗

腌料

酒1小匙、酱油1小匙、水1大匙、淀粉1/2小匙

调味料

酱油1小匙、乌醋1小匙、糖1/2小匙、盐1/4小匙、橄榄油1/2小匙

做法

1. 鸡胸肉切片，加入腌料搅拌均匀放置15分钟。
2. 莲藕洗净去皮切片，青辣椒、红辣椒洗净切段；蒜仁切片。
3. 煮一锅水，将莲藕放入水中氽烫，取出沥干，再放入鸡肉片氽烫至八分熟后，捞起沥干备用。
4. 取一不粘锅放橄榄油后，爆香蒜片、青辣椒段、红辣椒段，加入莲藕片、鸡肉片拌炒。
5. 加入其余调味料，拌炒均匀即可。

炒菜美味笔记

菠萝略煮后，水果特有的酸甜滋味就会完全释放出来，且菠萝的果酸能让肉片吃起来更嫩。

菠萝鸡片

材料

鸡胸肉……140克
菠萝……120克
姜片……5克
红甜椒……60克

腌料

淀粉……1小匙
蛋清……1大匙
米酒……1小匙

调味料

A.盐……1/4小匙
白醋……1大匙
番茄酱……1大匙
细砂糖……2大匙
水……1大匙
B.水淀粉……1/2大匙
香油……1小匙

做法

1.鸡胸肉切片后用腌料抓匀，腌渍约5分钟；菠萝、红甜椒切片，备用。
2.在鸡胸肉片中加1大匙色拉油（材料外）略拌匀以防粘连。
3.热锅，加入1大匙色拉油（材料外），以小火爆香姜片，接着加入鸡胸肉片，以大火快炒约30秒至鸡胸肉变白，再加入菠萝片、红甜椒片及调味料A持续翻炒约1分钟。
4.以水淀粉勾芡，再淋入香油即可。

醋熘凤片

材料

A.鸡胸肉…… 200克
　葱段 ………… 50克
　蒜片 ………… 50克
B.菠萝片……… 50克
　黑木耳片 …… 30克
　胡萝卜片 …… 30克
　青辣椒片 …… 50克

腌料

淀粉………… 1大匙
蛋清…………… 1个

调味料

辣椒油 ……… 1大匙
白醋………… 1大匙
糖 …………… 1大匙
米酒………… 1大匙
盐 ………… 1/2小匙
水淀粉……… 1大匙

做法

1. 将鸡胸肉洗净切成厚片，用腌料略腌备用。
2. 热锅倒油（材料外），放入鸡胸肉片炸熟后捞出备用。
3. 锅中留少许油，放入葱段、蒜片爆香，再放入材料B及所有调味料（水淀粉除外）炒匀。
4. 起锅前再加入水淀粉勾芡即可。

椒盐鸡柳条

材料

鸡胸肉……………200克
牛奶………………50毫升
玉米粉……………100克
葱花………………80克
蒜末………………30克
红辣椒末…………30克

调味料

盐…………………1小匙
白胡椒粉…………1/4小匙

做法

1.鸡胸肉切成约铅笔粗细的条，放入碗中，加入牛奶冷藏浸泡20分钟后取出沥干。
2.撒上1/2小匙的盐及白胡椒粉抓匀调味。
3.将调味过的鸡胸肉条沾裹上玉米粉，静置半分钟。
4.热油锅至油温约180℃，将鸡胸肉条下锅，以大火炸至金黄酥脆后捞出沥干油。
5.锅底留少许油，放入葱花、蒜末及红辣椒末炒香，再加入鸡胸肉条，撒上1/2小匙的盐炒匀即可。

鲜蔬炒鸡柳

香菇炒鸡柳

柳松菇炒鸡柳

鸡柳炒黑椒洋葱

鲜蔬炒鸡柳

材料

鸡柳150克、西芹60克、红甜椒30克、洋葱30克、香菜10克、熟白芝麻15克

调味料

酱油1小匙、乌醋1小匙、糖1/2小匙、盐1/4小匙、橄榄油1/2小匙

腌料

酒1小匙、酱油1小匙、水1大匙、淀粉1/2小匙

做法

1. 鸡柳切段，加入腌料搅拌均匀放置15分钟。
2. 西芹、红甜椒洗净切条；洋葱洗净切粗丝；香菜洗净后，将根与叶分开备用。
3. 煮一锅水，将鸡柳汆烫至八分熟后，捞起沥干备用。
4. 取一不粘锅放橄榄油后，爆香洋葱丝、香菜根。
5. 加入西芹条、红甜椒条及鸡柳拌炒。
6. 加入其余调味料和熟白芝麻拌炒均匀，盛盘撒上香菜叶即可。

香菇炒鸡柳

材料

鸡柳……………200克
鲜香菇…………150克
姜末…………1/2小匙
青蒜………………15克

调味料

盐……………1/2小匙
糖……………1/4小匙

腌料

盐……………1/2小匙
淀粉……………1小匙
米酒…………1/2小匙
胡椒粉………1/4小匙
糖………………1小匙

做法

1. 鸡柳洗净切成条，加入所有腌料，腌渍15分钟。
2. 鲜香菇去蒂洗净后切成条，青蒜洗净切片，备用。
3. 取锅加入适量油（材料外）烧热，放入腌好的鸡柳炸2分钟，捞起过油沥干，并将油倒出。
4. 锅子重新加热，放入姜末略炒，再加入鲜香菇条，以小火炒至软，加入所有调味料、青蒜片与炸过的鸡柳，以大火快炒1分钟即可。

柳松菇炒鸡柳

材料

柳松菇…………80克
鸡胸肉…………100克
姜丝………………5克
葱段………………10克
红甜椒丝………45克

调味料

盐……………1/4小匙
细砂糖………1/4小匙
米酒……………1小匙
水………………1大匙
水淀粉…………1小匙
香油……………1小匙

腌料

淀粉……………1小匙
米酒…………1/2小匙

做法

1. 鸡胸肉洗净切条，用腌料抓匀腌渍2分钟后与柳松菇一起汆烫约20秒，捞起沥干备用。
2. 热锅，倒入1大匙油（材料外），以小火爆香葱段、姜丝、红甜椒丝，放入鸡柳及柳松菇，以大火快炒几下后，加入调味料中的盐、细砂糖、米酒及水。
3. 略炒几下后以水淀粉勾芡，最后淋上香油即可。

鸡柳炒黑椒洋葱

材料

鸡柳……………150克
洋葱……………1/3个
蒜仁………………2颗
红辣椒……………1个
葱…………………1根

调味料

黑胡椒……………1克
盐……………1/4小匙
奶油……………1小匙
水……………1/2大匙

腌料

淀粉……………1小匙
香油……………1小匙
盐……………1/4小匙
白胡椒粉…………1克

做法

1. 鸡柳切小段，放入所有腌料，腌渍约10分钟备用。
2. 洋葱洗净切丝；蒜仁切片；红辣椒洗净切片；葱洗净切小段，备用。
3. 锅烧热，加入1大匙色拉油（材料外），然后加入做法2的所有材料以中火爆香，再加入腌渍好的鸡柳翻炒均匀。
4. 最后加入所有调味料炒匀即可。

蒜香鸡肉芦笋

材料

鸡胸肉……………1片
葱…………………1根
蒜仁……………… 5颗
芦笋……………… 7根
胡萝卜………… 20克

调味料

豆瓣酱……… 1大匙
鸡精…………… 1小匙
香油…………… 1小匙
盐…………… 1/4小匙
白胡椒粉…… 1/6小匙
淀粉…………… 1大匙

做法

1. 鸡胸肉洗净切片，拍上薄薄的淀粉；葱洗净切小段；蒜仁切片；胡萝卜洗净切片；芦笋洗净切段，备用。
2. 煮一锅约60℃的热水，将鸡胸肉片放入水中汆烫约1分钟捞起备用。
3. 取锅加入少许油（材料外）烧热，放入做法1、做法2的所有材料以中火翻炒均匀，再加入豆瓣酱略翻炒后，放入其余的调味料炒匀至汤汁略收即可。

芒果鸡柳

材料

鸡胸肉……… 200克
芒果………………1个
姜丝……………10克
红甜椒丝……… 少许

腌料

盐 …………… 1/2小匙
米酒………… 1/2小匙
胡椒粉 …… 1/6小匙
香油…………… 1小匙
淀粉…………… 1小匙

调味料

盐 …………… 1/2小匙
番茄酱 ………… 1大匙
糖 …………… 1/2小匙

做法

1. 鸡胸肉切细条，加入所有腌料腌渍约15分钟，备用。
2. 芒果去皮、去核，切条，泡热水备用。
3. 热锅加入2大匙油（材料外），将腌好的鸡胸肉条以大火快炒约2分钟至熟盛出，备用。
4. 锅中加入姜丝略炒，放入所有调味料与鸡柳略炒，再放入沥干水分的芒果条与红甜椒丝，轻轻拌炒均匀即可。

银芽鸡丝

材料

鸡胸肉 ………150克
绿豆芽 ………… 50克
姜丝……………10克
胡萝卜丝……… 5克
葱丝……………… 5克

调味料

盐 …………… 1/4小匙
糖 …………… 1/2小匙
米酒………… 1大匙
胡椒粉 ……………1克
香油…………… 1大匙
水淀粉 ……… 1小匙

腌料

盐 …………… 1/4小匙
胡椒粉 ……………1克
米酒………… 1小匙
淀粉…………… 1小匙
香油…………… 1小匙

做法

1. 鸡胸肉去骨、去皮，切丝，加入腌料腌10分钟后过油至熟备用。
2. 取锅加少许油（材料外），放入绿豆芽后用大火快炒，捞起备用。
3. 炒香姜丝、胡萝卜丝，加入鸡肉丝、绿豆芽及所有调味料炒匀，起锅前放入葱丝炒匀即可。

黄瓜炒鸡丝

材料

卤鸡腿……………2个
小黄瓜………200克
胡萝卜…………100克
蒜仁………………2颗
葱……………………1根

调味料

鸡精………… 1/2小匙
橄榄油……… 1/2小匙

做法

1. 卤鸡腿去皮去骨，切粗丝备用。
2. 小黄瓜洗净切条；胡萝卜去皮切条；蒜仁切片；葱洗净切段备用。
3. 取一不粘锅放橄榄油后，爆香蒜片、葱段，接着放入胡萝卜条、小黄瓜条拌炒。
4. 最后加入鸡腿肉丝及鸡精炒匀即可。

什锦鸡丝

材料

A.熟鸡肉丝…… 80克
　蒜末…………10克
B.黑木耳……… 30克
　胡萝卜……… 30克
　笋丝………… 30克
　小黄瓜丝…… 60克
　香菇丝……… 20克
　豆干……………2块
　绿豆芽……… 80克

调味料

盐……………1/2小匙
鸡精………… 1/4小匙
糖………………… 1小匙
白胡椒粉…… 1/6小匙
乌醋……………… 1小匙
香油……………… 1小匙

做法

1. 黑木耳、胡萝卜洗净切丝；豆干切丝；绿豆芽洗净去豆壳，备用。
2. 锅烧热，加入少许油（材料外），爆香蒜末。
3. 放入材料B拌炒均匀。
4. 然后加入调味料，最后加入熟鸡丝拌炒均匀即可。

炒鸡下水

材料

鸡肝…………100克
鸡心…………50克
酸菜丝…………30克
芹菜段…………30克
蒜末…………20克
红辣椒片……50克

调味料

盐…………1/4小匙
酱油…………2大匙
米酒…………1大匙
醋…………1大匙
糖…………2大匙
香油…………1小匙

做法

1. 鸡肝、鸡心洗净后切片，放入沸水中汆烫一下，捞出备用。
2. 热锅，倒入少许色拉油（材料外），放入蒜末、红辣椒片炒香，接着放入鸡肝片、鸡心片炒匀。
3. 最后加入酸菜丝、芹菜段与所有调味料，转大火炒匀即可。

黑木耳菠萝炒鸡心

材料

黑木耳…………20克
菠萝…………300克
鸡心…………250克
蒜仁…………3颗
红辣椒…………20克
姜…………10克
葱…………1根

调味料

鸡精…………1小匙
米酒…………1大匙
砂糖…………1小匙
盐…………1/4小匙
白胡椒粉……1/6小匙
香油…………1小匙
黄豆酱…………1大匙
白醋…………1小匙

做法

1. 将鸡心对切洗净，放入沸水中汆烫捞起，再以冷水过凉备用。
2. 将红辣椒、姜、葱洗净切片；黑木耳洗净切大片；蒜仁、菠萝切片，备用。
3. 炒锅加入1大匙色拉油（材料外），再加入鸡心，以中火炒香，接着放入做法2的材料及黑木耳片炒匀。
4. 加入所有调味料，翻炒均匀即可。

酱爆鸡心

子姜炒鸭

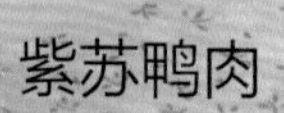
紫苏鸭肉

酱姜鸭肉

酱爆鸡心

材料

鸡心…………200克
青辣椒…………60克
红辣椒…………1个
蒜末…………10克
姜末…………10克

调味料

辣豆瓣酱……2大匙
米酒…………1大匙
细砂糖………1小匙
水……………2大匙
水淀粉………1小匙
香油…………1小匙

做法

1. 鸡心洗净划十字切花，放入沸水中汆烫1分钟后取出沥干；红辣椒洗净去籽切片；青辣椒洗净切小片，备用。
2. 热锅，倒入1大匙色拉油（材料外），以小火爆香蒜末、姜末、红辣椒片及青辣椒片，再加入辣豆瓣酱、米酒、细砂糖及水炒匀。
3. 加入鸡心，以大火快炒约20秒，再加入水淀粉勾芡，并淋上香油即可。

子姜炒鸭

材料

A.鸭肉…………150克
B.嫩姜条……100克
酸菜片……20克
葱段…………10克
红辣椒丝……10克

调味料

蚝油…………1小匙
酱油…………1大匙
细砂糖………1小匙
米酒…………1大匙

腌料

酱油…………1小匙
白胡椒粉……1/6小匙
米酒…………1小匙
香油…………1小匙

做法

1. 鸭肉洗净，去骨切薄片，加入腌料拌匀，过油备用。
2. 锅烧热，倒入1大匙油（材料外），放入材料B炒香。
3. 加入鸭肉片和所有调味料翻炒均匀即可。

紫苏鸭肉

材料

鸭肉…………150克
紫苏…………15克
姜片…………20克
红辣椒片……10克

调味料

酱油…………1大匙
米酒…………1大匙

腌料

酱油…………1小匙
白胡椒粉……1/6小匙
米酒…………1小匙
淀粉…………1小匙

做法

1. 鸭肉洗净，去骨切薄片，加入腌料抓匀，再过油捞起沥干备用。
2. 取锅烧热，倒入1大匙油（材料外），放入姜片和红辣椒片炒香。
3. 加入鸭肉片和所有调味料炒匀，最后再加入紫苏拌炒均匀即可。

酱姜鸭肉

材料

A.鸭肉…………150克
B.酱姜………200克
胡萝卜片……30克
芹菜段………20克

调味料

酱油…………1大匙
白胡椒粉……1/2小匙
米酒…………2大匙
细砂糖………1小匙

腌料

酱油…………1小匙
细砂糖………1/2小匙
米酒…………1大匙
白胡椒粉………1克

做法

1. 鸭肉洗净，去骨切薄片，加入腌料拌匀。
2. 锅烧热，倒入1大匙油（材料外），放入材料B炒香。
3. 加入鸭肉片和所有调味料拌炒均匀即可。

韭菜炒鸭肠

材料

鸭肠…………120克
韭菜段………40克
红辣椒片………10克
姜丝……………10克
酸菜丝………20克

调味料

酱油…………1小匙
黄豆酱………1大匙
糖……………1小匙
米酒…………1大匙
香油…………1小匙

做法

1. 鸭肠以适量白醋（材料外）洗净，切段，放入沸水中汆烫一下，捞出备用。
2. 热锅，加入少许色拉油(材料外)，放入除鸭肠段外的其他材料炒香，接着加入鸭肠段和所有调味料快炒均匀即可。

炒菜美味笔记

鸭肠先用白醋抓匀，可以去除腥味，色泽也会较白。

酸菜炒鸭肠

材料

鸭肠…………150克
酸菜…………30克
芹菜…………20克
葱段…………5克
姜丝…………10克
红辣椒丝………15克

调味料

盐…………1/2小匙
糖…………2/3大匙
白胡椒粉……1大匙
香油………2/3大匙

做法

1. 鸭肠洗净切段；酸菜切丝；芹菜洗净切段，备用。
2. 热锅，加入适量色拉油（材料外），放入葱段、姜丝、红辣椒丝、酸菜丝炒香，接着加入鸭肠段、芹菜段及所有调味料快炒均匀即可。

炒鸭肠

材料

鸭肠…………300克
芹菜…………100克
蒜仁…………2颗
姜丝…………30克
红辣椒…………1个

调味料

黄豆酱………1大匙
糖……………1小匙
盐…………1/4小匙
料酒…………1小匙

做法

1. 鸭肠洗净切小段；芹菜洗净摘除叶子切段；蒜仁切碎；红辣椒洗净切碎，备用。
2. 热锅，加少许油（材料外），爆香蒜碎、姜丝、红辣椒碎及黄豆酱。
3. 放入鸭肠段炒熟，再加入芹菜段拌炒均匀，加料酒、盐和糖调味即可。

蒜香酱鸭

材料

酱鸭…………100克
蒜苗…………30克
蒜末…………3颗
红辣椒片……20克

调味料

盐…………1/2小匙
糖…………2/3大匙
白胡椒粉…1/6大匙
香油………2/3大匙

做法

1. 酱鸭洗净切片；蒜苗洗净切段，备用。
2. 热锅，加入适量色拉油（材料外），放入蒜末、红辣椒片炒香，再加入酱鸭片、蒜苗段及所有调味料快炒均匀即可。

海鲜食材经过久煮，
肉质易变硬，
吃起来口感欠佳，
也浪费了食材本身的鲜味。
所以海鲜很适合炒食，
瞬间加热的方式让海鲜不会过熟，
吃起来鲜度与口感兼具，
用来配饭下酒都很合适！

炒海鲜好吃Q&A

Q：汆烫海鲜的时候有什么需要特别注意的小细节吗？

A：海鲜放入沸水中汆烫时，只要表面一变色就要马上捞起，以避免其煮得过老，营养成分流失过多。汆烫后的海鲜就可以用拌炒或是其他方式来烹调料理了。

Q：新鲜虾怎样快速剥壳？

A：想要自己剥新鲜虾取虾仁，虾壳却很难快速剥下，这是因为新鲜的虾，肉与壳还紧密粘在一起。若要趁鲜剥壳，最好的方式是先浸泡冰水，让虾肉紧缩，这样壳就容易去除了。

Q：鲜鱿鱼与干鱿鱼差别在哪里？

A：鱿鱼分鲜鱿鱼和干鱿鱼。鲜鱿鱼一般都用于烤，而干鱿鱼口感较脆，适合油炸、快炒、汆烫蘸酱，或做成羹汤。在挑选干鱿鱼时要特别注意，如果鱿鱼肉比较厚就表示发的时间久、含水量高，吃起来口感会不脆。

Q：炒蛤蜊常常会遇到有些蛤蜊炒不开，该怎么办？

A：因为大火快炒蛤蜊通常料理的时间比较短，若是受热不均匀，就很容易有的壳打开，有的没有，而要炒到全部的壳都打开又会有些炒到过老。这时不妨在热炒之前稍微将蛤蜊汆烫过水，一打开后立刻捞起下锅炒，这样不需要炒太久就能轻松入味，也不会有壳闭合不开的困扰。腌咸蚬也适用于这个方法。

Q：炒鱼片要怎么炒才不会破碎而影响外观？

A：炒鱼片时最怕弄得破损，虽不影响味道，但卖相变差就无法达到色香味俱全。要避免鱼块炒碎，快炒前可以先拍上薄薄的淀粉过油，稍微炸至金黄定型再下锅炒，这样不仅鱼肉不易破碎，也可以缩短料理的时间。

Q：淡水鱼与海水鱼的口感差异在哪？

A：淡水鱼如吴郭鱼、鲈鱼、鲤鱼、大头鲢等，口感较绵密，烹煮时一般会搭配酱汁和较重的辛香料一起烩煮，或是使用油炸的方式，这样才能去除淡水鱼的土味和较重的鱼腥味。海水鱼是俗称的咸水鱼，常见鱼种有红甘鱼、金枪鱼、石斑鱼、迦纳鱼、红目鲢、翻车鱼、鳕鱼等，口感较扎实弹牙，烹煮方式较广泛，如清蒸、切片生食，或搭配较淡的酱汁烩煮。

Q：买回家需要烹调的海鲜，一时使用不完怎么办？要如何保存？

A：如果买回家的新鲜海产无法一次烹调完毕，建议先不清洗，直接将海鲜冷藏。像贝类和虾，可依每次所食用的分量以小包装的方式分装起来，再放入冰箱冷藏或冷冻（贝类要避免冷冻）。这样既可以避免海鲜的水分流失，也能保持新鲜度。

炒海鲜的美味技巧

◎辛香料与调味料有重点

辛香料与调味料，是让料理更香味四溢的秘诀。通常葱、姜、蒜、辣椒、花椒，在油中爆炒就会产生香气，但是火不能太大，以免变焦而产生苦味，而罗勒、韭菜、芹菜，则是起锅前才加入。调味料的话，酒、酱油、醋是靠热力传导的，所以淋的时候，可由锅边淋入，以激发香味。

◎食材汆烫有诀窍

汆烫可去除海鲜多余的脂肪和血水，汆烫时，通常可在锅中放入葱段、姜片或米酒，去腥效果更好。但要注意时间勿过久，像海鲜汆烫只需烫半熟，因为之后还有其他加热步骤，这样才不会让海鲜过老，丧失了鲜甜的风味。

◎依料理特性作变化

热炒时可以先将葱、姜、蒜等辛香料下锅爆香，产生香气后，再放入主要的食材。通常海鲜类切好后会先汆烫或过油至半熟，再入锅快炒。比如韭菜花炒乌贼这道菜，热锅后先加盐再放韭菜花，更可逼出香味、增加味道。

◎沾粉过油锁住鲜嫩

在糖醋、烩等料理方式中，海鲜会事先沾干粉后过油（干粉炸），再拿来烹调。这种做法，主要目的在于让肉质表面收缩，使其水分不会流失，维持活海鲜的鲜度。锁住了鲜味，美味当然也就保留下来了。

炒菜美味笔记

如果直接将鱼肉下锅翻炒，吃起来肉质会比较干涩，但是事先以少许蛋液跟盐稍微腌渍，就可使鱼肉的口感变得滑嫩，而且风味也更佳，所以千万别省略这个小步骤。

蒜香鱼片

材料

鲷鱼肉……………300克
葱…………………20克
红辣椒……………5克
蒜酥………………30克

调味料

盐…………………1小匙
淀粉………………2大匙

腌料

盐…………………1/4小匙
蛋液………………2大匙

做法

1. 葱、红辣椒洗净切末备用。
2. 鲷鱼肉洗净切厚块后，用厨房纸巾略微吸干水分，加入腌料拌匀，腌渍入味备用。
3. 将鲷鱼肉块均匀沾裹上淀粉，起锅热油（材料外），待油温烧至约160℃，放入鲷鱼肉块，以大火炸约1分钟至表皮酥脆，捞出沥干油。
4. 锅底留少许油，以小火炒香葱末及红辣椒末后，加入蒜酥、鱼块及盐炒匀即可。

糖醋鱼片

材料

鲷鱼肉250克
胡萝卜片20克
黑木耳片20克
小黄瓜片40克

调味料

淀粉1/2碗、乌醋5大匙、细砂糖5大匙、水4大匙、水淀粉1大匙、香油1大匙

腌料

盐1/4小匙、白胡椒粉1/4小匙、米酒1小匙、蛋清1大匙

做法

1. 鲷鱼肉洗净后切厚片，将腌料混合均匀，鱼肉放入其中腌渍约2分钟备用。
2. 热锅，放入约400毫升的色拉油（材料外）烧热至约150℃时，将鲷鱼肉片均匀地沾裹上淀粉，再放入锅中炸至鱼肉外表呈金黄色时捞起沥干油，摆入盘中。
3. 将色拉油倒出，于锅底留少许油，以小火炒香胡萝卜片、黑木耳片及小黄瓜片，再加入乌醋、细砂糖、水，煮开后用水淀粉勾芡，淋上香油拌匀，最后淋至鲷鱼片上即可。

炒菜美味笔记

豆酥如果在一般环境下久放，容易受潮，所以要先入锅干炒，才会比较干燥，且无论是口感还是香气，也都会更加分。

豆酥炒鱼片

材料

豆酥…………3大匙
鲷鱼肉………250克
芹菜……………2棵
葱………………1棵
蒜仁……………2颗

调味料

白胡椒粉……1大匙
盐………………3克

腌料

面粉…………3大匙

做法

1. 将鲷鱼肉洗净切大片，再在鱼片上拍上薄薄的面粉。
2. 芹菜、葱和蒜仁洗净，都切成碎末备用。
3. 取平底锅，加入适量油（材料外），将鲷鱼片放入，以小火煎3分钟上色至熟，盛盘备用。
4. 将豆酥以小火先炒2分钟，再加入做法2的所有材料与调味料爆香后，淋在煎好的鲷鱼片上即可。

炒菜 美味笔记

* 橙汁带点甜腻，搭配上炸过的鱼片，吃多了容易腻，所以加入新鲜的罗勒，以特有的香气来中和甜腻的口感。
* 在家若不想用罐装柳橙汁，也可改以口感略带酸味的 200 毫升新鲜柳橙汁搭配 100 毫升的水混合使用。

橙汁鱼片

材料

鲷鱼片………500克
姜丝……………… 5克
罗勒………………2棵
面粉…………3大匙

调味料

柳橙汁……300毫升
白胡椒粉…… 1/6小匙
盐………………… 3克
香油………… 1小匙

做法

1.鲷鱼片略冲水沥干，再拍上薄薄的面粉备用。
2.热一锅油（材料外），待油温至190℃时放入做法1的材料，炸至外观呈金黄色，捞起沥油。
3.另起一锅，加入少许油（材料外）烧热，放入姜丝和罗勒略翻炒，再加入所有的调味料和鱼片烩煮约3分钟即可。

三杯炒旗鱼

材料

旗鱼肉……… 200克
红辣椒片……… 20克
姜片……………… 5克
蒜片……………… 3颗
罗勒………………2棵
葱段…………… 20克

调味料

胡麻油……… 1大匙
酱油膏……… 1大匙
米酒………… 1大匙
糖…………… 1小匙
盐………… 1/6小匙
白胡椒粉…… 1/6小匙

做法

1. 将旗鱼肉洗净切块，用厨房纸巾吸干水分备用。
2. 起锅，加入适量胡麻油烧热，放入红辣椒片、姜片、蒜片、葱段以中火爆香。
3. 加入旗鱼块一起翻炒3分钟，再放入其余的调味料与罗勒炒香即可。

炒菜美味笔记

鱼片下锅前，要先用厨房纸巾将鱼片上的水分吸干。如果没有吸干水分，鱼皮会容易粘锅导致卖相不佳，也比较容易产生油爆的情况。

糖醋旗鱼丁

材料

旗鱼肉180克、青辣椒丁40克、红甜椒丁25克、黄甜椒丁25克

腌料

盐1/4小匙、蛋清1大匙、白胡椒粉1/4小匙、料酒1小匙

调味料

A.番茄酱2大匙、白醋2大匙、水1大匙、细砂糖2.5大匙
B.淀粉4大匙、水淀粉1小匙、香油1小匙

做法

1. 旗鱼肉切丁置碗中，加入腌料抓匀腌约2分钟，再裹上淀粉，备用。
2. 取锅加热后倒入500毫升色拉油（材料外）烧至油温约150℃时，放入旗鱼肉丁以中火炸约2分钟至外皮金黄，捞起沥干。
4. 另取锅，热锅后加入少许色拉油（材料外），以大火炒香青辣椒丁、黄甜椒丁、红甜椒丁后，加入调味料A煮至滚沸，以水淀粉勾薄芡，再加入旗鱼丁快速翻炒30秒钟至均匀，最后淋上香油即可。

金沙鱼条

材料

去骨鱼柳300克、熟咸蛋黄5颗、葱花1小匙、蒜末1/2小匙

调味料

盐1/4小匙、糖1/4小匙、油1大匙、淀粉2大匙

腌料

盐1/4小匙、香油1小匙、胡椒粉1/4小匙、米酒1小匙

做法

1. 鱼柳切条；熟咸蛋黄压成泥备用。
2. 将所有腌料混合拌匀，将鱼柳条放入其中腌渍约10分钟。
3. 将腌渍好的鱼柳条，均匀沾裹上淀粉，放入油锅炸至外观金黄，捞起沥油备用。
4. 另取锅，加入1大匙油，放入咸蛋黄泥以小火炒至起泡，再加入葱花、蒜末和炸好的鱼柳条略炒，最后加入其余调味料拌匀即可。

三酥鱼柳条

材料

鲷鱼片……200克
蒜末…………1小匙
红辣椒末…1/2小匙
香菜末……1/2小匙
葱花…………1小匙

炸粉

鸡蛋…………1/2个
地瓜粉………1大匙
盐…………1/4小匙

做法

1. 鲷鱼片用水略冲洗沥干，切条备用。
2. 将炸粉的所有材料混合拌匀备用。
3. 取锅，加入适量的油（材料外）烧至油温约200℃，取鲷鱼条沾裹上炸粉，放入锅中炸至外观呈金黄色后盛入大碗中。
4. 将蒜末和红辣椒末放入热锅中，快炒后捞起放入大碗中，再加入香菜末和葱花一起拌匀即可。

避风塘炒鱼片

材料

鲷鱼片500克、蒜仁120克、葱2根、红辣椒1个、熟花生米1大匙、豆豉1大匙

调味料

盐1/4小匙、白胡椒粉1克、香油1小匙、辣椒油1小匙

腌料

米酒1小匙、盐1/4小匙、白胡椒粉1克、淀粉1大匙

做法

1. 将鲷鱼片切成条，加入所有腌料腌渍约10分钟，再放入190℃的油锅中炸成金黄色，捞起备用。
2. 蒜仁、葱和红辣椒都切碎备用。
3. 取炒锅，加入1大匙色拉油（材料外），再加入做法2的辛香料，以中火爆香。
4. 加入豆豉和所有调味料烩煮一下，最后加入炸好的鱼片和熟花生米，轻轻翻炒均匀即可。

炒菜美味笔记

鱼片因为肉软，容易散掉，翻炒时要特别注意动作要轻。鱼片可以先裹粉炸过，这样可让其变得外酥内软。

茭白炒鱼片

酸菜炒三文鱼

清蒸鳕鱼

咸冬瓜蒸鳕鱼

茭白炒鱼片

材料

茭白…………200克
鲷鱼片………150克
甜豆荚…………10克
胡萝卜片………5克
葱段……………10克
姜片……………10克

调味料

鱼露…………2大匙
米酒…………1大匙
糖……………1小匙

腌料

盐…………1/2小匙
米酒…………1大匙
胡椒粉……1/2小匙
淀粉…………1大匙

做法

1. 甜豆荚放入沸水中汆烫熟，备用。
2. 茭白切滚刀块，放入沸水中煮约1～2分钟，再捞起、沥干，备用。
3. 鲷鱼片加入腌料抓匀，腌渍约15分钟后，过油，备用。
4. 热锅，加入适量色拉油（材料外），放入葱段、姜片、胡萝卜片炒香，再加入茭白、鲷鱼片与所有调味料拌炒均匀，起锅前加入甜豆荚炒匀即可。

酸菜炒三文鱼

材料

三文鱼………250克
酸菜…………150克
葱………………1根
姜……………15克
蒜仁……………3颗
红辣椒…………1个

调味料

白醋…………1小匙
香油…………1小匙
盐………………2克
白胡椒粉…1/6小匙
糖……………1小匙
酱油…………1小匙

做法

1. 先将三文鱼洗净，切成小块；酸菜洗净，切成小段，再泡冷水去除咸味；葱洗净切段；蒜仁切片；姜、红辣椒都洗净切片，备用。
2. 取锅，先加入1大匙色拉油（材料外），放入葱段、蒜片、红辣椒片、姜片先炒香，再放入酸菜段拌炒煸香。
3. 加入三文鱼块，稍微拌炒后加入所有调味料，以大火翻炒均匀即可。

清蒸鳕鱼

材料

鳕鱼…………250克
姜片……………10克
葱段……………10克
香菜……………适量
姜丝……………适量
葱丝……………适量
红辣椒丝………适量

调味料

A.米酒………1大匙
　香油………1小匙
B.糖………1/4小匙
　鲜美露……1小匙
　酱油……1/2大匙

做法

1. 取一蒸盘， 放上姜片、葱段，再放上洗净的鳕鱼，淋上米酒，放入蒸锅中蒸约7分钟至熟，取出备用。
2. 热锅，放入调味料B及少许水煮至沸腾，再加入香油拌匀。
3. 将做法2的调味料淋在鳕鱼上，再撒上香菜、姜丝、葱丝、红辣椒丝即可。

咸冬瓜蒸鳕鱼

材料

咸冬瓜………2大匙
鳕鱼……………1片
（约200克）
葱段……………10克
红辣椒…………1个

调味料

米酒…………1大匙

做法

1. 鳕鱼片清洗后放入蒸盘；葱段、红辣椒洗净切丝，备用。
2. 咸冬瓜铺在鳕鱼片上，淋上米酒，放入锅中蒸约7分钟至熟后取出，撒上葱丝、红辣椒丝即可。

清蒸鲈鱼

材料

鲈鱼……………1条(约700克)
葱………………40克
姜………………30克
红辣椒…………1个

调味料

A.蚝油…………1大匙
糖……………1大匙
白胡椒粉‥1/6小匙
B.米酒…………1大匙
色拉油……50毫升

做法

1. 鲈鱼处理好后洗净，置于盘中，在鱼身下横垫1根筷子以利蒸汽穿透。
2. 将20克葱洗净切段并拍破，10克姜洗净切片，铺在鲈鱼上，洒上米酒，放入蒸笼中，以大火蒸约15分钟至熟，再取出，葱、姜及蒸鱼水舍弃不用。
3. 取另20克葱、20克姜和红辣椒洗净切细丝，铺在鲈鱼上。热锅，倒入50毫升色拉油，烧热后淋至葱丝、姜丝和红辣椒丝上，再将50毫升水（材料外）和调味料A混合煮滚，淋在鲈鱼上即可。

炒菜 美味笔记

蒸鱼时，火候一定要控制好，最好用中大火，如此蒸出来的鱼肉质才不会太老。蒸的时间也不宜过久，才能保持鱼本身的鲜甜。

香芹炒银鱼

材料

西芹…………240克
银鱼…………150克
姜…………20克
红辣椒…………1个

调味料

米酒…………1大匙
味淋…………1/2小匙
橄榄油…………1小匙

做法

1. 西芹洗净切长条；银鱼洗净沥干；姜和红辣椒洗净切末。
2. 取一不粘锅放橄榄油后，将银鱼、姜末、红辣椒末放入锅中，以小火拌炒至干酥。
3. 加入西芹条略拌后，再加入其余调味料炒至均匀即可。

炒菜美味笔记

银鱼含丰富钙质，且低热量、高蛋白，加上柔软易食，是老少皆宜食用的鱼类。

蒜香银鱼

材料

银鱼……300克
蒜末……10克
姜末……10克
红辣椒末……10克
青蒜末……15克

调味料

酱油……1小匙
盐……2克
糖……1/4小匙
米酒……1/2大匙
乌醋……1小匙

做法

1. 银鱼洗净沥干，放入油锅中略炸一下至微干，捞出沥油。
2. 另取一锅烧热后倒入少许油（材料外），放入蒜末、姜末爆香，再放入红辣椒末、青蒜末，加入略炸过的银鱼与所有调味料拌炒均匀即可。

辣味花生银鱼

材料

银鱼…………200克
蒜味花生……70克
蒜末……………10克
姜末……………10克
红辣椒末………15克
葱末……………15克

调味料

米酒…………1大匙
胡椒粉……1/6小匙
辣椒油………1大匙
糖……………1小匙

做法

1. 热锅，加入3大匙色拉油（材料外），放入蒜末、姜末、红辣椒末爆香，再放入银鱼拌炒至微干。
2. 加入所有调味料拌炒至入味，再放入蒜味花生及葱末拌炒均匀即可。

丁香鱼花生

材料

丁香鱼50克、葱5克、蒜仁5克、红辣椒5克、蒜味花生10克

调味料

椒盐………1/2小匙

做法

1. 丁香鱼洗净后放入沸水中汆烫，再捞起沥干备用。
2. 蒜仁切末；红辣椒、葱洗净切末，备用。
3. 热锅倒入少许油（材料外），放入做法2的材料以中小火爆香，再加入丁香鱼与蒜味花生、椒盐，转大火拌炒至干香即可。

炒菜美味笔记

丁香鱼干买回来后，若处理时泡水太久变软，爆炒时鱼干就会头身分离。丁香鱼干最好的处理方式就是洗净，然后用热水汆烫或者油炸，将小鱼干定型，这样爆炒时就不易头身分离，而且吃起来也更酥脆。

辣炒小银鱼

材料

小银鱼……………200克
红辣椒片……………20克
糯米椒片…………100克
蒜末…………………10克

调味料

蚝油………………1.5大匙
米酒…………………1大匙
糖……………………1小匙
盐…………………1/2小匙
淀粉…………………1大匙
色拉油………………适量

做法

1. 小银鱼洗净拭干，加入适量淀粉拌一下，放入油温约160℃的热油锅中炸约1分钟，捞出沥油。
2. 锅中留少许油，放入蒜末爆香，再放入红辣椒片、糯米椒片略炒。
3. 最后加入小银鱼及其余调味料拌炒入味即可。

香菜炒丁香鱼

材料

丁香鱼……150克
葱……30克
香菜……35克
蒜仁……20克
红辣椒……1个

调味料

淀粉……约3大匙
椒盐……1小匙

做法

1.丁香鱼洗净沥干；葱、香菜洗净切小段；蒜仁切碎；红辣椒洗净切碎，备用。
2.取锅倒入油（材料外），待油温烧热至180℃，将丁香鱼裹上一层淀粉后，下油锅以大火炸约2分钟至表面酥脆，捞起沥干油，备用。
3.另取锅，热锅后加入少许色拉油（材料外），以大火略爆香葱段、蒜碎、红辣椒碎及香菜段后，加入丁香鱼，再均匀撒入椒盐，以大火快速翻炒至匀即可。

炒菜美味笔记

鱼肚不需要炒太久，以免太老，变得难以咀嚼。短时间的大火快炒可以让鱼肚保持脆脆的口感。

酸辣炒黄鱼肚

材料

黄鱼肚……170克
酸菜……100克
姜……20克
红辣椒……2个

调味料

A.盐……1/4小匙
细砂糖……1大匙
白醋……1大匙
水……50毫升
料酒……1大匙
B.水淀粉……1小匙
香油……1小匙

做法

1.把黄鱼肚洗净切丝；酸菜洗净切丝；姜及红辣椒洗净切丝，备用。
2.热锅后，加入1大匙色拉油（材料外），以小火爆香姜丝、红辣椒丝，再加入黄鱼肚丝、酸菜丝转大火炒匀。
3.然后加入调味料A炒约1分钟，最后用水淀粉勾芡，并淋上香油即可。

虾蟹

炒菜 美味笔记

一般糖醋做法都是用番茄酱、糖与醋为基本调味料，而这道糖醋虾特地加入柠檬汁与草莓果酱调味，吃起来会有清新的果香，不会过分酸呛与甜腻。

糖醋虾

材料

草虾……………… 6尾
青辣椒块……… 30克
红甜椒块……… 30克
黄甜椒块……… 30克
洋葱块 ………… 20克

调味料

番茄酱 ……… 120克
砂糖……………10克
醋 ……………… 20克
水 ……………20毫升
柠檬汁 …… 10毫升
草莓果酱……… 20克
盐 ………………… 3克
水淀粉 ………… 1大匙
淀粉…………… 60克
色拉油 ……325毫升

做法

1. 草虾去壳，留头留尾，沾上一层薄薄的淀粉备用。
2. 取锅，加入300毫升的色拉油烧热至180℃，放入草虾炸至外观酥脆，捞起沥油备用。
3. 另取一炒锅烧热，加入剩余25毫升色拉油后，放入青辣椒块、红甜椒块、黄甜椒块和洋葱块翻炒，加入其余调味料（水淀粉先不加入）和炸过的草虾翻炒至入味。
4. 最后加入水淀粉勾芡即可。

咸酥虾

材料

白虾……300克
葱……2根
红辣椒……2个
蒜仁……15克

调味料

椒盐……1小匙

做法

1. 白虾洗净沥干水分；葱洗净切葱花；蒜仁切碎；红辣椒洗净切碎，备用。
2. 热油锅至油温约180℃，将白虾下油锅炸约30秒至表皮酥脆，起锅。
3. 锅中留少许油，以小火爆香葱花、蒜碎、红辣椒碎，再放入白虾、椒盐，以大火快速翻炒均匀即可。

炒菜美味笔记

自己在家炸制的咸酥虾吃起来总觉得不够酥脆，原因就在于油温不够高，油温至少要达到180℃。简单检测油温的方法就是热油锅时，洒一滴面糊到热油中，不会往下沉，会立刻浮在油面，则表示油温够高了。这时放入虾，炸至虾仁与虾腹部的壳呈张开状态，就足够酥脆了。

咸酥溪虾

材料

溪虾……………………150克
葱花……………………5克
蒜末……………………30克
红辣椒末………………10克
地瓜粉…………………1.5大匙

调味料

盐……………………1/2小匙
白胡椒粉……………1/4小匙

做法

1.溪虾洗净，沾取适量的地瓜粉，放入160℃的油锅中，炸酥后捞起备用。
2.另取锅烧热，放入少许油（材料外），加入葱花、蒜末和红辣椒末炒香。
3.加入炸溪虾和所有调味料拌匀即可。

炒菜美味笔记

溪虾的体型不大，是生命力旺盛的野生虾种，料理方式以咸酥或葱烧为主，成本低廉，是一道下酒好菜。

干烧草虾

材料

草虾……………12尾
葱花……………10克
姜末……………10克
酒酿……………5克

调味料

红辣椒酱……1小匙
番茄酱………3大匙
糖……………2大匙
醋……………2大匙
米酒…………1大匙
香油…………1大匙
水……………3大匙

做法

1. 草虾去仁须及脚尾，挑去肠泥洗净备用。
2. 取锅倒入油（材料外），热油至约150℃，放入草虾略炸后捞起，备用。
3. 锅内留少许油，放入葱花、姜末炒香，再加入草虾、酒酿和所有调味料，干烧至汤汁略干即可。

酱爆虾

材料

白虾…………300克
蒜末……………10克
红辣椒片………15克
洋葱丝…………30克
葱段……………30克

调味料

酱油…………1大匙
辣豆瓣酱……1大匙
糖……………1小匙
米酒…………1大匙

做法

1. 白虾洗净，剪去须和尖刺；热锅，加入2大匙油（材料外），放入白虾煎香后取出；葱段分成葱白和葱绿，备用。
2. 原锅放入蒜末、红辣椒片、洋葱丝和葱白爆香，再放入白虾和所有调味料，拌炒均匀后加入葱绿炒匀即可。

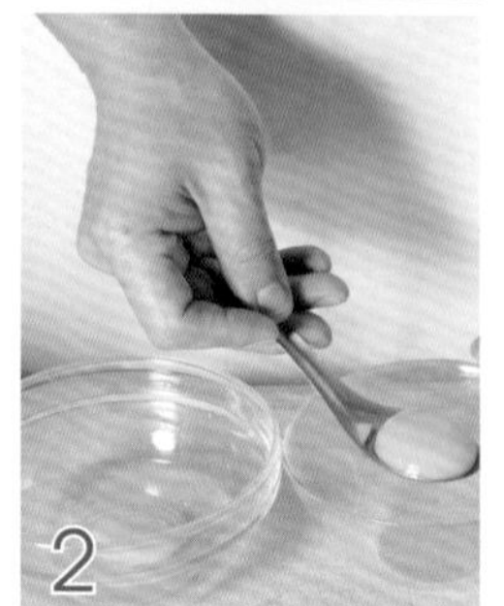

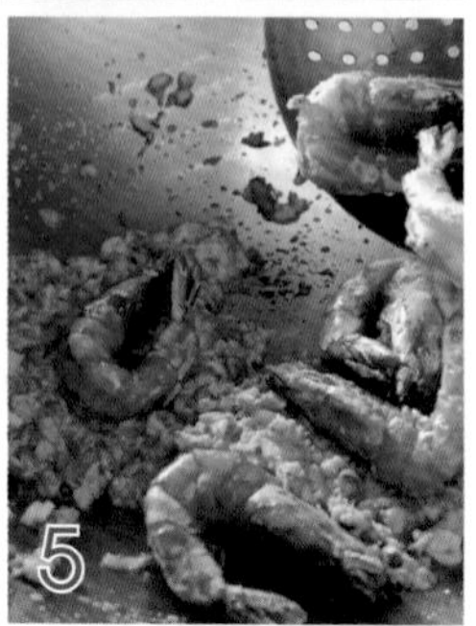

蛋酥草虾

材料

鸡蛋……………………2个
草虾……………………6尾
蒜末………………1/2小匙
红辣椒末…………1/2小匙
葱花…………………1小匙

调味料

盐…………………1/2小匙
糖…………………1/2小匙

做法

1. 草虾剪去仁须、尖刺、脚，背部剪开，放入油温180℃的油锅内，炸至表面金黄酥脆捞出。
2. 鸡蛋只取蛋黄，打散成蛋黄液，备用。
3. 热锅，放1大匙色拉油（材料外），倒入蛋黄液，以小火用锅铲快速搅拌，拌匀至成细丝。
4. 炒至蛋黄液膨胀呈浅棕色时，放入蒜末、红辣椒末、葱花炒匀。
5. 加入调味料及草虾，快速翻炒均匀即可。

糊辣炒虾

材料

草虾……12尾
姜……10克
蒜仁……2颗
葱……1/2根
干辣椒……15克
花椒……3克
熟白芝麻……少许

调味料

鸡精……1小匙
白胡椒粉……1/2小匙
米酒……1大匙
醋……1小匙
香油……1大匙
辣椒油……1大匙

做法

1. 草虾洗净，剪去虾须及脚、尾翅，去除肠泥，用160℃的热油炸熟备用。
2. 姜、蒜仁切末；葱洗净切葱花，备用。
3. 热锅加少许油（材料外），先将葱花、姜末、蒜末下锅炒香，再加入干辣椒、花椒、所有调味料，以及草虾，拌炒均匀。
4. 盛盘后撒少许熟白芝麻增香即可。

洋葱炒海鲜

材料

白虾……5尾
乌贼……50克
洋葱……1/4个
圣女果……4个
罗勒……1棵
蒜末……1/2小匙

调味料

酱油……1小匙
糖……1/2小匙
辣椒膏……1小匙
水……1/3杯

做法

1. 白虾洗净去壳；乌贼洗净切小块，备用。
2. 洋葱洗净切片；圣女果洗净对切；罗勒洗净，备用。
3. 热锅，加入2小匙色拉油（材料外），放入蒜末炒香，再加入白虾和乌贼炒约2分钟，接着加入做法2的材料及所有调味料煮约2分钟入味后，放入罗勒快速炒匀即可。

菠萝虾球

材料

草虾仁………150克
菠萝…………… 80克
柠檬……………1/2个

调味料

A.美奶滋…………2大匙
　细砂糖…………1大匙
B.淀粉 …………1.5大匙

腌料

盐…………………1/6小匙
蛋清…………………1大匙
淀粉…………………1大匙

做法

1. 虾仁洗净沥干水分，用刀从虾背划开（深至1/3处），用腌料抓匀腌渍约2分钟备用。
2. 将柠檬挤汁与调味料A调匀成酱汁；菠萝切片后沥干汁，备用。
3. 起锅热油（材料外），待油温至约150℃，虾仁裹上淀粉后，下油锅炸约2分钟至表面酥脆，起锅沥油。
4. 锅洗净，再热锅，倒入虾仁、菠萝片，淋上酱汁拌匀即可。

柠檬双味

材料

白虾仁………150克
鱿鱼肉………150克
菠萝…………100克
柠檬…………1/2个

调味料

A.沙拉酱…… 2大匙
  细砂糖…… 1大匙
B.淀粉……… 2大匙

腌料

盐………… 1/6小匙
蛋清………… 1大匙
淀粉………… 1大匙

做法

1. 白虾仁洗净沥干水分，用刀从虾背划开（深至1/3处）；鱿鱼肉切小块，和虾仁一起用腌料抓匀腌渍约2分钟；柠檬压汁与调味料A调匀成酱汁；菠萝切片，备用。
2. 加热油锅至油温约180℃，将虾仁及鱿鱼肉裹上干淀粉，放入油锅中炸约2分钟至表面酥脆后捞起沥干油。
3. 另热一锅，倒入白虾仁、鱿鱼肉及菠萝片，淋上酱汁拌匀即可。

滑蛋虾仁

材料

鸡蛋……………… 4个
白虾仁………… 80克
葱花……………15克

调味料

盐…………… 1/4小匙
米酒…………… 1小匙
水淀粉……… 2大匙

做法

1. 白虾仁放入沸水中汆烫，待沸水再度滚沸5秒后，立即捞出冲凉沥干。
2. 鸡蛋加盐、米酒打匀后，加入白虾仁、水淀粉及葱花拌匀。
3. 热锅，倒入2大匙油（材料外），将蛋液再拌匀一次后，倒入锅中，以中火翻炒至蛋液凝固即可。

炒菜美味笔记

虾仁汆烫时间不能太久，放入沸水中5秒，就要立刻捞起冲冷开水，这样才能保持虾仁清脆弹牙的口感。蛋液中加入水淀粉，可增加蛋的滑嫩度，但不要炒太久，只要蛋大致凝固了，就起锅，以免炒过头，口感过老。

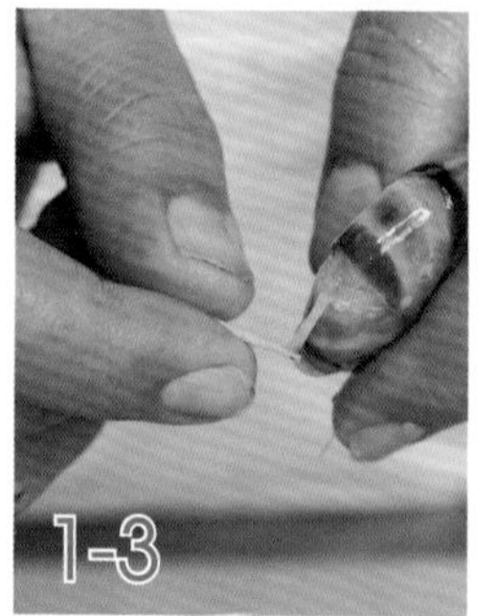

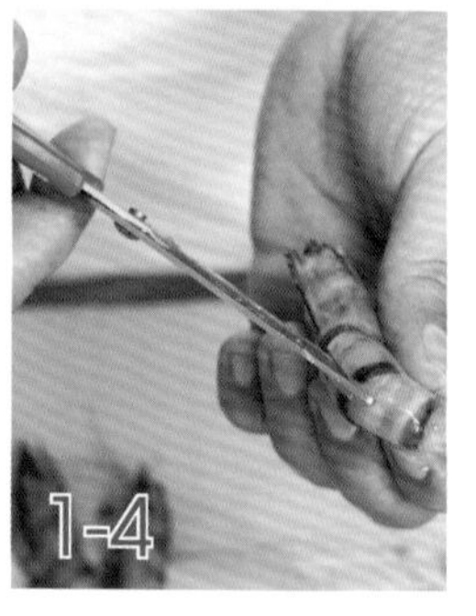

奶油草虾

材料

草虾……………………200克
洋葱……………………15克
蒜仁……………………10克

调味料

奶油……………………2大匙
盐……………………1/4小匙

做法

1. 把草虾洗净，剪掉长须、尖刺及脚后，挑去肠泥，用剪刀从虾背剪开（深至1/3处），沥干水分备用。
2. 洋葱洗净，和蒜仁一起切碎，备用。
3. 取锅倒入油（材料外），加热至油温约180℃，将草虾下油锅炸约30秒至表皮酥脆，起锅沥油。
4. 另取锅，热锅后加入奶油，以小火爆香洋葱末、蒜末，再加入草虾与盐，大火快速翻炒1分钟至均匀即可。

葱爆虾球

材料

红虾虾仁120克、红甜椒60克、姜5克、葱30克

调味料

沙茶酱1大匙、盐1/4小匙、细砂糖1/2小匙、米酒1大匙、水1大匙、淀粉1/2小匙、香油1小匙

腌料

盐1/8小匙、蛋清1小匙、淀粉1小匙

做法

1. 红虾虾仁洗净沥干水分，用刀将虾背划开（深至1/3处），加入腌料抓匀，腌渍约2分钟。
2. 红甜椒及姜洗净切片；葱洗净切段；调味料A调匀成酱汁备用。
3. 取锅加热，加入4大匙油（材料外），放入红虾虾仁大火快炒至蜷缩成球状后，捞起沥油备用。
4. 锅中留少许油，放入葱段、姜片及红甜椒片以小火爆香，加入红虾虾仁大火快炒5秒，边炒边将酱汁淋入炒匀，最后淋入香油即可。

炒菜美味笔记

虾是易熟的食材，因此料理时，虾仁可先过油至八分熟，等其他材料都炒好了，再加入虾仁炒匀，就能保持其鲜嫩的口感。

酸辣柠檬虾

材料

白甜虾200克、红辣椒3个、青辣椒2个、蒜仁10克

调味料

柠檬汁2大匙、白醋1大匙、鱼露1大匙、水2大匙、糖1/4小匙

做法

1. 将红辣椒、青辣椒洗净切碎；蒜仁剁碎；白甜虾洗净，沥干水分，备用。
2. 热锅，加入少许色拉油（材料外），先将白甜虾倒入锅中，两面略煎后，盛出备用。
3. 另热一锅，加入少许色拉油（材料外），放入红辣椒碎、青辣椒碎、蒜末略炒。
4. 加入白甜虾及所有调味料，以中火炒至汤汁略收即可。

炒菜美味笔记

柠檬汁最常与海鲜类食材一起搭配入菜，有了天然果酸的提味，既能让海鲜的风味提升、口感鲜甜，又能去腥，可谓一举多得。

宫保虾仁

XO酱炒虾仁

腰果炒虾仁

丝瓜炒虾仁

宫保虾仁

材料

红虾虾仁…… 250克
葱段…………… 15克
蒜片…………… 40克
干辣椒片……… 20克

调味料

淡酱油………… 1小匙
米酒…………… 1大匙
白胡椒粉…… 1/2小匙
香油…………… 1小匙
花椒…………… 5克

腌料

盐…………… 1/2小匙
米酒………… 1大匙
淀粉………… 1大匙

做法

1. 红虾虾仁去肠泥，加入腌料抓匀，腌渍约10分钟后，放入油温为120℃的油锅中炸熟，备用。
2. 热锅，加入适量色拉油（材料外），放入葱段、蒜片、干辣椒片炒香，再加入红虾虾仁与所有调味料拌炒均匀即可。

XO酱炒虾仁

材料

红虾虾仁……100克
西芹…………… 50克
蒜片…………… 5克
红辣椒………… 40克
葱………………10克

调味料

XO酱………… 2大匙
盐…………… 1/4小匙
细砂糖……… 1/4小匙
米酒………… 1大匙
水…………… 2大匙
水淀粉……… 1小匙
香油………… 1小匙

做法

1. 红辣椒洗净去籽切片；西芹洗净切片；葱洗净切小段；红虾虾仁洗净，由虾背处从头到尾切一刀但勿切断，备用。
2. 热锅，加入少许色拉油（材料外），放入葱段、蒜片及XO酱略炒香，接着加入红虾虾仁，以中火炒约10秒，再加入红辣椒片及西芹片炒匀。
3. 锅中加入盐、细砂糖、米酒及水，以中火炒约30秒后，以水淀粉勾芡，再淋上香油即可。

腰果炒虾仁

材料

虾仁300克、胡萝卜40克、沙拉笋30克、青辣椒20克、葱白段20克、熟腰果100克

调味料

盐1/2小匙、鸡精1/4小匙

做法

1. 虾仁洗净；胡萝卜去皮，切菱形片；沙拉笋切菱形片；青辣椒洗净切菱形片。
2. 将虾仁和胡萝卜片放入沸水中略汆烫后，捞出沥干备用。
3. 取锅，加入少许油（材料外），放入虾仁、胡萝卜片、沙拉笋片、青辣椒片和葱白段，以中火快炒2分钟，加入调味料炒匀，关火后再加入腰果拌匀（这样腰果才不会变软）即可。

丝瓜炒虾仁

材料

红虾虾仁…… 200克
丝瓜………… 250克
葱………………1根
姜……………… 20克

调味料

盐…………… 1/2小匙
橄榄油……… 1小匙

腌料

酒…………… 1小匙
胡椒粉……… 1/2小匙
淀粉………… 1/2小匙

做法

1. 红虾虾仁洗净，加入腌料搅拌均匀放置10分钟。
2. 丝瓜去皮切条；葱洗净切段；姜洗净切细丝，备用。
3. 煮一锅水（材料外），将红虾虾仁汆烫至变红后捞起沥干备用。
4. 取一不粘锅放橄榄油后，爆香葱段、姜丝。
5. 放入丝瓜条拌炒后，加少许水（材料外）焖煮至软化。
6. 放入红虾虾仁拌炒，最后加盐拌炒均匀即可。

锅巴虾仁

材料

红虾虾仁……………200克
锅巴…………………10块
洋葱丁………………50克
毛豆…………………50克

调味料

番茄酱………………2大匙
糖……………………1大匙
白醋…………………1大匙
水……………………2大匙

做法

1. 先将红虾虾仁去肠泥洗净，再放入油锅中略炸后捞起备用。
2. 同样将锅巴放入油锅中过油后捞起，盛于盘中备用。
3. 锅中留少许油，放入洋葱丁、毛豆爆香，再放入红虾虾仁拌炒均匀。
4. 最后放入所有调味料炒匀，盛起后淋于锅巴上即可。

三色虾球

炒菜美味笔记

红虾虾仁烹煮前先用水淀粉和蛋清抓匀，让表面形成一层保护膜，可锁住水分，烹煮后口感会更滑脆。

材料

红虾虾仁……120克
蒜末……5克
红甜椒……30克
黄甜椒……30克
青辣椒……30克
洋葱……30克

调味料

A.辣豆瓣酱…1大匙
细砂糖……1小匙
米酒……1大匙
水……2大匙
淀粉……1小匙
B.香油……1小匙

腌料

蛋清……1小匙
淀粉……1小匙
盐……1/8小匙

做法

1. 红甜椒、黄甜椒、青辣椒和洋葱洗净切片；在虾背处从头到尾切一刀，但勿切断，用腌料抓匀备用。
2. 将调味料A混合拌匀制成酱汁备用。
3. 热锅，加入2大匙油（材料外），放入蒜末、洋葱片及红虾虾仁，以中火炒约10秒至红虾虾仁蜷缩，加入红甜椒片、黄甜椒片及青辣椒片翻炒，边炒边淋入酱汁炒匀，最后淋上香油即可。

炒菜美味笔记

虾仁在背部用刀划开，除了可以使其看起来分量更多之外，快炒时内部也更容易熟透。

茄汁虾仁

材料

红虾虾仁……150克
西红柿……2个
洋葱片……10克
蒜末……1/2小匙
葱花……1小匙

调味料

A.水……50毫升
番茄酱……1大匙
醋……1小匙
糖……1大匙
盐……1/2匙
B.水淀粉…1/2大匙

做法

1. 红虾虾仁汆烫至熟后过冷水；西红柿洗净后去蒂，切滚刀块备用。
2. 锅烧热后，加入1大匙油（材料外），再加入蒜末、洋葱片、水，放入切好的西红柿块和调味料A（除水外）。
3. 煮沸后，放入烫熟的红虾虾仁，大火续炒约30秒，加入水淀粉勾芡后，撒上葱花即可。

炒菜美味笔记

虾仁易熟，事先烫过再入锅，稍微拌一下就可起锅，这样不但可以节省烹调时间，而且更健康。

菠菜炒虾仁

材料

菠菜……150克
红虾虾仁……200克
蒜仁……3颗
红辣椒……1/2个

调味料

A.盐……3克
水……45毫升
香油……1小匙
白胡椒……1/6小匙
B.水淀粉……1/2大匙

做法

1. 菠菜切大段后洗净；蒜仁切片；红辣椒洗净切片，备用。
2. 红虾虾仁洗净后放入沸水中汆烫至变色，沥干备用；菠菜段焯水后沥干备用。
3. 热锅，加入1小匙色拉油（材料外），加入蒜片、红辣椒片，以小火炒香，然后加入调味料A煮开。
4. 加入汆烫好的红虾虾仁和菠菜段略煮一下，最后以水淀粉勾薄芡即可。

咸味白菜虾仁

材料

大白菜梗……200克
红虾虾仁……200克
蒜仁………………1颗

调味料

盐…………1/2小匙

腌料

酒………………1小匙
胡椒粉……1/2小匙
淀粉………1/2小匙

做法

1. 红虾虾仁洗净，放入腌料搅拌均匀放置10分钟；大白菜梗洗净切粗丝；蒜仁切片。
2. 煮一锅水（材料外），将红虾虾仁汆烫至变红后捞起沥干备用。
3. 取一不粘锅放油（材料外）后，爆香蒜片。
4. 放入白菜丝拌炒后，加1杯水（材料外）焖煮至软化，最后放入红虾虾仁拌炒后，加盐拌匀即可。

蘑菇炒虾仁

材料

蘑菇…………150克
红虾虾仁……100克
蒜仁………………2颗
葱…………………2根
红辣椒…………1个

调味料

香油…………1小匙
米酒…………1大匙
酱油…………1小匙
盐…………………2克
白胡椒……1/6小匙
水……………1大匙

做法

1. 蘑菇洗净，切成小块；红虾虾仁洗净去肠泥；蒜仁切片；红辣椒洗净切片；葱洗净切段，备用。
2. 取一炒锅，加入1大匙色拉油（材料外）烧热，放入蘑菇以中火炒香，再加入蒜片、红辣椒片、葱段一起翻炒均匀。
3. 最后加入红虾虾仁和所有调味料，翻炒均匀即可。

炒菜美味笔记

市面上可买到专门的熟咸蛋黄，即做月饼、蛋黄酥用的那种，可直接选购而不用再买整颗咸蛋取蛋黄。

金沙虾球

材料

熟咸蛋黄……………… 2个
草虾仁（大）……… 8尾
葱花…………………… 1小匙
蒜末………………… 1/2小匙

调味料

盐 …………………… 1/8小匙
糖 …………………… 1/8小匙
淀粉…………………… 1大匙

做法

1. 草虾仁洗净剖开背部、去肠泥，加入1小匙盐（材料外）抓揉数下，冲水约10分钟后，吸干水分。
2. 将草虾仁均匀沾裹上薄薄一层淀粉，放入油锅内炸约2分钟，捞出沥油。
3. 咸蛋黄以汤匙压成泥，备用。
4. 热锅，加入1大匙色拉油（材料外），放入咸蛋黄泥以小火炒至膨胀。
5. 加入蒜末、草虾仁、盐、糖拌匀，最后加入葱花略炒匀即可。

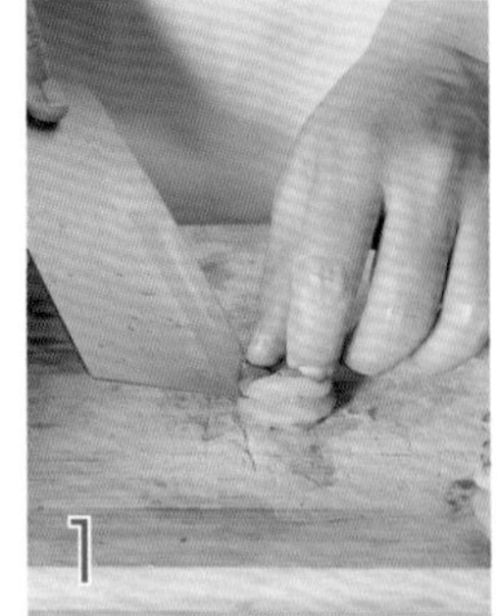

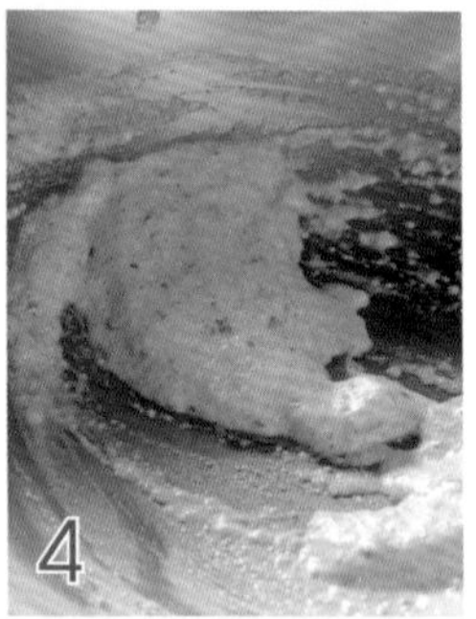

金橘虾球

材料

红虾虾仁……………150克
葱段……………………10克
胡萝卜片……………10克

调味料

金橘酱………………2大匙
水……………………1大匙

做法

1. 红虾虾仁洗净，沾裹适量淀粉（材料外），放入油温约180℃的油锅中炸熟，捞起备用。
2. 另取锅烧热，放入适量油（材料外），加入葱段、胡萝卜片炒香。
3. 最后加入所有调味料和炸好的红虾虾仁拌匀即可。

虾球表面必须先裹上一层淀粉，用高温油炸，再加入调味料拌炒，口感才会酥脆。

炒菜美味笔记

螃蟹的肉含水量多，肉质细腻，油炸过后容易碎散。事先沾上薄薄的一层干淀粉后，再放入油锅中炸，便会在蟹肉表面形成一层皮，这样快炒就不容易碎散了，不仅可以维持好的卖相，吃起来也更酥脆。

干炒螃蟹

材料

三点蟹……2只
葱……2根
姜……20克
红辣椒……20克

调味料

淀粉……2大匙
盐……1/2小匙
白胡椒粉……1/4小匙
细砂糖……1/6小匙
米酒……2大匙

做法

1. 螃蟹洗净，剥开背壳，剪去腹部三角形的外壳和背壳上尖锐的部分，再除去鳃，切小块备用。
2. 葱洗净切小段；姜洗净切丝；红辣椒洗净切片，备用。
3. 热油锅至油温约180℃，将蟹块均匀沾裹干淀粉后，下油锅炸约2分钟至表面酥脆，起锅沥油。
4. 锅中留少许油，以小火爆香葱段、红辣椒片、姜丝，再加入蟹块炒匀。
5. 加入其余调味料，转中火翻炒均匀即可。

椒盐花蟹

材料

花蟹……………… 2只　　红辣椒末……… 20克
蒜末…………… 30克

调味料

淀粉…………… 50克　　色拉油 ……525毫升
椒盐………… 1小匙

做法

1. 花蟹处理干净后切块，在蟹螯的部分拍上适量淀粉。
2. 热锅，加入500毫升色拉油烧热至油温约180℃，放入花蟹块，炸至外观呈金黄色，捞起沥油备用。
3. 另取炒锅烧热，加入剩余的25毫升色拉油，放入蒜末、红辣椒末炒香，再放入炸好的花蟹快炒，起锅前撒入椒盐即可。

螃蟹的体积比较大，入锅前务必切小块，这样才能炒得均匀。

炒菜 美味笔记

螃蟹的鳃及内脏不能食用，因此在料理之前一定要先将背壳剥开，去除这些不能食用的部分，这样才能吃得安心又美味。

三杯花蟹

材料

花蟹2只、老姜50克、蒜仁60克、红辣椒段30克、葱段50克、罗勒叶20克

调味料

胡麻油25毫升、米酒30毫升、酱油膏25克、水50毫升、酱油15毫升、醋15毫升、白胡椒粉5克、色拉油500毫升、淀粉50克

做法

1. 花蟹切去尖脚，剥去外壳，洗净，蟹螯部分用刀板略拍，蟹壳内沾上淀粉。
2. 热锅，加入色拉油，放入花蟹，炸至外观呈金黄色，捞起沥油备用。
3. 另取一炒锅烧热，加入胡麻油，放入老姜、蒜仁、红辣椒段和葱段炒香。
4. 加入米酒、酱油膏、水、酱油、醋和白胡椒粉煮沸后，再将炸过的花蟹放入锅中，煮至水分快收干，加入罗勒叶略翻炒即可。

避风塘炒蟹

材料

花蟹……1只
蒜仁……100克
红葱头……30克
红辣椒……1个

调味料

A.淀粉……2大匙
B.盐……1/2小匙
鸡精……1/2小匙
细砂糖……1/4小匙
料酒……1大匙
红辣椒片……10克

做法

1. 花蟹洗净切小块；蒜仁切末；红葱头、红辣椒洗净切细末，备用。
2. 将花蟹块撒上一些干淀粉连同蒜末及红葱末一起放入油温约120℃的锅中，以中火慢炸约5分钟至略呈金黄色时，一起捞出沥干油分。
3. 油锅倒出油，不用洗锅，开火后加入红辣椒末略炒，再加入花蟹块与蒜末、红葱头末、调味料B，以中火翻炒1分钟至水分收干有香味即可。

芙蓉炒蟹

材料

鸡蛋……………………2个
姜片……………………20克
葱段……………………20克
花蟹……………………1只

调味料

盐……………………1/2小匙
胡椒粉…………………1/4小匙
酒……………………1小匙
淀粉……………………1小匙
水……………………1/2杯

做法

1. 花蟹清洗干净，切小块；拍破蟹螯，撒上1小匙淀粉，抓匀备用。
2. 将花蟹块放入油温约160℃的油锅内，以小火炸约1分钟捞出沥油。
3. 鸡蛋打散，加入1/4小匙盐（材料外）拌匀成蛋液。
4. 热锅，放入2大匙色拉油（材料外），倒入蛋液，以小火炒90秒，至蛋液凝固时盛出。
5. 锅内放入姜片、葱段，以小火炒至金黄，再放入花蟹块及其余调味料，以小火煮至汤汁收干，最后加入炒蛋一起拌炒均匀即可。

咖喱炒蟹

夏威夷芦笋炒蟹腿肉

鲜菇炒蟹肉

酱爆蟹腿肉

咖喱炒蟹

材料

花蟹2只、蒜末30克、洋葱丝100克、葱段80克、红辣椒丝30克、芹菜段120克、鸡蛋1个

调味料

咖喱粉30克、酱油20毫升、蚝油50毫升、高汤200毫升、白胡椒粉1/6小匙、淀粉60克、色拉油525毫升

做法

1. 花蟹洗净切块，在蟹螯的部分拍上适量的淀粉。鸡蛋打散成蛋液。
2. 热锅加入500毫升色拉油，以中火将花蟹炸至八分熟，外观呈金黄色，捞起沥油备用。
3. 另取一炒锅烧热，加入剩余的25毫升色拉油，放入蒜末、洋葱丝、葱段、红辣椒丝和芹菜段爆香。
4. 继续加入咖喱粉、酱油、蚝油、高汤和白胡椒粉，再放入炸好的花蟹炒匀，并以慢火焖烧，将高汤收至快干。
5. 加入打散的鸡蛋液，以小火收干汤汁即可。

夏威夷果芦笋炒蟹腿肉

材料

蟹腿肉……120克
芦笋……200克
黄甜椒……50克
蒜仁……2颗
红辣椒……1个
夏威夷果……80克

调味料

米酒……1大匙
酱油……1大匙
水……2大匙
糖……1/4小匙
盐……1/4小匙
橄榄油……1小匙

做法

1. 芦笋洗净切段；黄甜椒、红辣椒洗净切片；蒜仁切片备用。
2. 煮一锅水（材料外），将芦笋汆烫至八分熟后，捞起冲冷水沥干备用，然后在沸水中加入1/2小匙米酒（材料外），放入蟹腿肉烫熟捞起冲冷水沥干备用。
3. 取一不粘锅放橄榄油后，爆香蒜片、红辣椒片。
4. 将其余调味料下锅煮沸后，放入黄甜椒片、芦笋段、蟹腿肉拌炒，起锅前加入夏威夷果拌匀即可。

鲜菇炒蟹肉

材料

蟹腿肉……100克
鲜香菇……60克
洋葱……50克
红辣椒……1个
青辣椒……1个
姜……10克

调味料

米酒……1大匙
酱油……1小匙
水……1大匙
糖……1/4小匙
盐……1/4小匙
橄榄油……1小匙

做法

1. 蟹腿肉洗净；鲜香菇洗净切片；洋葱洗净切片；红辣椒洗净去籽切条；青辣椒洗净切小段；姜洗净切片。
2. 将一锅水（材料外）煮沸后，加1/2小匙米酒（材料外），接着放入蟹腿肉烫熟捞起，冲冷水沥干备用。
3. 取一不粘锅放橄榄油后，爆香姜片、洋葱片。
4. 接着放入鲜香菇片炒香后，加入蟹腿肉、红辣椒条、青辣椒段略炒，再加入其余调味料拌炒均匀即可。

酱爆蟹腿肉

材料

蟹腿肉100克、青辣椒片50克、红辣椒片20克、葱段20克、姜片10克、蒜片10克

调味料

甜面酱1大匙、酱油1小匙、细砂糖1小匙、米酒1小匙、水2大匙、淀粉1/2小匙

做法

1. 将蟹腿肉放入沸水中汆烫，微拨开粘连的蟹腿肉，水再次沸腾后捞起沥干。
2. 将所有调味料拌匀成酱汁，备用。
3. 取锅倒入适量的色拉油（材料外）烧热，将蟹腿肉放在漏勺上，均匀撒上淀粉（材料外），重复撒粉两次，待油温热至110℃，放入蟹腿肉，炸至表面酥脆。
4. 将热油倒至放有青辣椒片的漏勺上，将青辣椒片焓熟。
5. 锅中留下少许油，放入葱段、姜片、蒜片、红辣椒片，以小火略拌炒，放入青辣椒片和蟹腿肉转大火，边炒边淋入酱汁，最后淋上少许香油（材料外）即可。

炒菜美味笔记

用韩式泡菜以及适量的泡菜汁和蟹脚一同翻炒，可有效去除冷冻蟹脚的腥味。

泡菜炒蟹腿

材料

蟹腿……………………350克
洋葱…………………… 1/2个
红辣椒……………………1个
蒜仁…………………… 2颗
泡菜……………………200克
葱 …………………………1根
罗勒…………………… 2棵

调味料

香油……………………1小匙
盐 …………………1/4小匙
白胡椒 ……………1/6小匙

做法

1. 蟹腿洗净，用菜刀拍打后备用。
2. 洋葱洗净切丝；红辣椒和蒜仁洗净切片；葱洗净切段；罗勒洗净备用。
3. 取锅，加入少许油（材料外）烧热，放入洋葱丝、红辣椒片、蒜片、葱段爆香，然后放入蟹腿、泡菜翻炒均匀，再加入调味料快炒，起锅前加入罗勒即可。

炒蟹腿

材料

蟹腿……150克
葱……1根
蒜仁……4颗
红辣椒……1个
罗勒……5克

调味料

糖……1小匙
香油……1小匙
米酒……1大匙
酱油膏……1大匙
沙茶酱……1小匙

做法

1. 蟹腿洗净，用刀背将外壳拍裂，放入沸水中煮熟，捞起沥干备用。
2. 葱洗净切小段；蒜仁切末；红辣椒洗净切末，备用。
3. 热锅倒入适量油（材料外），放入葱段、蒜末、红辣椒末爆香。
4. 加入蟹腿及所有调味料拌炒均匀。
5. 最后放入罗勒炒熟即可。

蟹黄豆腐

材料

蛋豆腐……1盒
蟹腿肉……20克
胡萝卜……10克
葱……1根
姜……10克

调味料

A. 水……50毫升
糖……1小匙
盐……1/2小匙
蚝油……1小匙
料酒……1小匙
B. 香油……1小匙
水淀粉……1小匙

做法

1. 蛋豆腐切小块；蟹腿肉切末；胡萝卜去皮切末；葱洗净切葱花；姜洗净切末，备用。
2. 热锅倒入适量的油（材料外），放入蛋豆腐煎至表面焦黄，取出备用。
3. 另热一锅倒入适量的油（材料外），放入姜末爆香，再放入胡萝卜末、蟹腿肉末拌炒均匀。
4. 加入调味料A及蛋豆腐块，转小火，盖上锅盖焖煮4~5分钟。
5. 加入水淀粉勾芡，再淋入香油，撒上葱花即可。

软体

炒菜美味笔记

三杯料理最好将汤汁炒到收干，这样风味才会香醇。而鱿鱼因为含有大量水分，下锅炒多少会出水，如果拌炒的时间过长就会让鱿鱼变硬。将鱿鱼先汆烫过，再来拌炒能减少水分的渗出，不但能使料理的味道更好，更能让鱿鱼吃起来鲜嫩不硬。

三杯鱿鱼

材料

鲜鱿鱼……180克
姜……50克
红辣椒……2个
罗勒……20克
蒜仁……10颗

调味料

胡麻油……2大匙
酱油膏……2大匙
细砂糖……1小匙
米酒……2大匙
水……2大匙

做法

1. 鲜鱿鱼洗净，去除内脏后切圈；姜洗净切片；红辣椒洗净对半剖开切段；罗勒挑去粗茎洗净，备用。
2. 烧一锅水，水沸后将鱿鱼入锅汆烫约半分钟后沥干。
3. 另热一锅，倒入胡麻油，以小火爆香蒜仁、姜片及红辣椒段，再加入鱿鱼圈及其余调味料。
4. 转大火煮开后，持续翻炒至汤汁收干，再加入罗勒略为拌匀即可。

沙茶鱿鱼

材料

鱿鱼……………120克
葱段…………… 20克
蒜末………………10克
红辣椒片………10克
罗勒叶…………15克

调味料

沙茶酱………2大匙
酱油…………… 1小匙
米酒…………… 1大匙
糖……………… 1大匙

做法

1.鱿鱼洗净后切圈，放入沸水中汆烫一下，捞出备用。
2.热锅，加入少许色拉油(材料外)，放入沙茶酱与除鱿鱼外的其他材料炒香，接着加入鱿鱼与其余调味料炒匀即可。

炒菜美味笔记

鱿鱼先汆烫过不仅可以去除腥味，还能锁住鱿鱼的鲜甜滋味，再拌炒也不容易过老。

椒盐乌贼

材料

乌贼200克、芹菜段100克、葱段30克、蒜末20克、红辣椒末20克

调味料

A.盐1/4小匙、细砂糖1/4小匙、蛋液1大匙
B.椒盐1/2小匙、淀粉1/2杯

做法

1.乌贼洗净、剪开，去除内脏和表面皮膜后，切成小条。
2.将调味料A与乌贼条拌匀，均匀裹上淀粉，备用。
3.热油锅，待油温烧热至约180℃，放入乌贼条，以大火炸约1分钟至表面金黄酥脆时，捞出沥干油。
4.锅中留少许油，以小火爆香葱段、蒜末、红辣椒末及芹菜段，再加入乌贼条、椒盐，以大火翻炒均匀即可。

宫保鱿鱼

材料

鱿鱼尾400克、干辣椒10克、姜5克、葱2根、蒜片10克

调味料

A.白醋1小匙、酱油1大匙、糖1小匙、米酒1小匙、水1大匙、淀粉1/2小匙

B.香油1小匙

做法

1.将鱿鱼尾洗净切粗条，汆烫约10秒后沥干；姜洗净切丝；葱洗净切段，备用。

2.将调味料A调匀成兑汁备用。

3.热锅，倒入约2大匙色拉油（材料外），以小火爆香葱段、姜丝、蒜片及干辣椒后加入鱿鱼条，以大火快炒约5秒，边炒边淋入兑汁，翻炒均匀后再淋上香油即可。

炒菜美味笔记

做宫保鱿鱼，选用鲜鱿鱼或是泡发好的干鱿鱼皆可，也可以利用鱿鱼身取代鱿鱼尾，不但价格更便宜，而且也不影响口感。

椒盐土鱿

材料

鱿鱼……………… 3尾
蒜末…………… 1大匙
葱末…………… 2大匙
红辣椒末……… 1小匙

调味料

椒盐…………… 1小匙
香油…………… 1小匙
油 ……………… 3大匙

做法

1.鱿鱼去薄膜洗净，先切花刀后，再切小片，放入沸水中略汆烫，捞起沥干备用。
2.取锅，加入油，放入鱿鱼片以大火略炒后，加入蒜末、葱末、红辣椒末和椒盐、香油炒匀即可。

西红柿炒鱿鱼

材料

西红柿 ………120克
鱿鱼……………150克
葱 ………………… 2根
姜 …………………10克

调味料

米酒…………… 1大匙
酱油…………… 1大匙
糖 …………… 1/2小匙
盐 …………… 1/4小匙
橄榄油 ……… 1小匙

做法

1.西红柿洗净切块；鱿鱼洗净切圈；葱洗净切段；姜洗净切片，备用。
2.煮一锅水（材料外），将鱿鱼汆烫后，捞起沥干备用。
3.取锅，放入橄榄油后，爆香葱段、姜片，放入西红柿块炒软后，放入鱿鱼圈快速拌炒，再加入其余调味料拌炒均匀即可。

炒菜美味笔记

西红柿切大块炒起来才不会糊锅，酸味和甜味也能更好地保留。

木耳炒三鲜

材料

墨鱼……50克
蟹腿肉……50克
牡蛎肉……50克
泡发木耳……100克
上海青……150克
胡萝卜……30克
蒜仁……2颗
姜……10克
地瓜粉……1大匙

调味料

米酒……1大匙
酱油……1大匙
水……1/4杯
糖……1/4小匙
盐……1/4小匙
橄榄油……1小匙

做法

1.墨鱼洗净切片；蟹腿肉洗净；牡蛎肉洗净去杂质，均匀沾裹地瓜粉备用。
2.泡发木耳和胡萝卜洗净切片；上海青洗净切段；蒜仁切片；姜洗净切片备用。
3.将一锅水（材料外）煮沸后，加1小匙米酒（材料外），把墨鱼片、蟹腿肉、牡蛎肉汆烫至熟，捞起冲冷水沥干备用。
4.取锅放橄榄油后，爆香蒜片、姜片，放入其余调味料煮沸后，加入墨鱼片、蟹腿肉、牡蛎肉、木耳片和胡萝卜片拌炒，起锅前加入上海青段炒匀即可。

西蓝花炒墨鱼片

材料

墨鱼……120克
西蓝花……200克
蒜仁……2颗
红辣椒……1个

调味料

酒……1大匙
盐……1/2小匙
糖……1/4小匙
橄榄油……1小匙

做法

1.墨鱼洗净切片；西蓝花洗净切小朵；红辣椒洗净切片；蒜仁切片。
2.煮一锅水（材料外），将西蓝花烫熟捞起沥干；接着将墨鱼片放入水中汆烫捞起沥干备用。
3.取锅，放橄榄油爆香蒜片，放入西蓝花、墨鱼片和红辣椒片略拌后，加入其余调味料拌炒均匀即可。

甜豆炒墨鱼

材料

甜豆……300克
墨鱼……100克

调味料

XO酱……30克
米酒……1小匙
盐……1/4小匙

做法

1.甜豆洗净，撕去两旁粗纤维；墨鱼洗净沥干，先切花再切片，备用。
2.热锅，加入适量色拉油（材料外），放入甜豆拌炒，再放入墨鱼、米酒和盐拌炒均匀，最后加入XO酱略为拌炒即可。

豆瓣酱炒墨鱼

材料

墨鱼……………1尾
姜片……………10克
蒜片……………5克
红辣椒片………15克
大葱段…………20克

调味料

豆瓣酱…………2大匙
香油……………1小匙
盐………………1/4小匙
白胡椒粉………1/6小匙

做法

1.墨鱼去头，将肚子洗净后，先切花再切片，备用。
2.煮一锅水（材料外），将墨鱼片略汆烫后捞起备用。
3.取锅，加入少许油（材料外）烧热，放入姜片、蒜片、红辣椒片和大葱段爆香，加入墨鱼片和所有的调味料翻炒均匀即可。

炒菜美味笔记

加入一些豆瓣酱拌炒，可压过墨鱼的腥味。

四季豆炒墨鱼

材料

墨鱼150克、四季豆50克、姜10克、红辣椒5克、胡萝卜5克

调味料

水30毫升、糖1/2小匙、鲜美露1大匙

做法

1. 墨鱼洗净去除内脏，切成条，放入沸水中汆烫至熟，捞起沥干备用。
2. 四季豆洗净去除头尾与粗筋后切小段；姜洗净切成条；红辣椒洗净去籽切条；胡萝卜去皮切条，备用。
3. 热锅倒入适量的油（材料外），放入做法2的材料炒香，加入所有调味料焖煮约2分钟。
4. 加入墨鱼条拌炒均匀即可。

炒菜 美味笔记

为了避免墨鱼在加热过程中卷起来，变得与其他食材的形状不搭，在切的时候可以横着切条，不要顺着身体直切。

芹菜炒乌贼

材料

乌贼3尾、芹菜梗200克、蒜片6片、红甜椒片5片

调味料

盐1小匙、糖1/4小匙、香油1.5小匙、胡椒粉1/4小匙、油3大匙

做法

1.乌贼洗净，先切花刀后，再切成小片，放入沸水中略汆烫，捞起沥干备用。
2.芹菜梗洗净，切段备用。
3.取锅，加入3大匙油，放入蒜片、红甜椒片和芹菜梗段以大火略炒后，加入乌贼片和其余调味料炒匀即可。

炒菜 美味笔记

炒乌贼时，记得在锅中翻炒的时间不宜过长，建议可先将全部调味料放入同一容器中，再一起加入锅中，不仅省时也更省事。

翠玉炒乌贼

材料

乌贼2尾、芦笋120克、红甜椒80克

调味料

米酒20毫升、盐1小匙、白胡椒粉1/6小匙、水淀粉1/2大匙、色拉油1大匙

做法

1.将乌贼洗净，取出内脏后，剥除外皮，划刀切成花再切片，放入沸水中汆烫后捞起备用。
2.芦笋去皮洗净，切成约5厘米长的段；红甜椒洗净切成长条，一起放入沸水中汆烫备用。
3.取锅烧热，加入色拉油，放入乌贼片炒到半熟后，加入做法2的材料和米酒、盐、白胡椒粉拌炒至入味，再加入水淀粉勾芡即可。

炒菜 美味笔记

乌贼的表面有一层透明的薄皮，在料理后会变得干硬影响口感，因此最好事先剥除，这样乌贼才会清脆可口。

美味笔记

炸腰果的成功诀窍，就是用冷油炸，因为油温不高，腰果就不容易炸焦。这道料理在起锅前再加入炸好的腰果稍稍拌炒，口感会更香脆。

腰果炒双鲜

材料

墨鱼……………1/2尾
鲜虾……………10尾
葱………………1根
蒜仁……………1颗
红辣椒…………1/2个
腰果……………30克

调味料

白胡椒粉……1小匙
香油…………1小匙
盐……………1小匙

做法

1. 将墨鱼洗净切圈；鲜虾划开背部，去肠泥，再将墨鱼与鲜虾放入沸水中快速汆烫后捞起备用。
2. 腰果洗净，用餐巾纸吸干水分，再放入冷油中以小火慢炸至外观呈金黄色，捞起备用。
3. 将葱洗净切段；红辣椒和蒜仁洗净切片，备用。
4. 热锅，将做法3的材料先以中火爆香，加入做法1的材料一起翻炒1分钟，再加入所有调味料拌炒均匀，最后放入炸好的腰果略翻炒即可。

蒜苗炒乌贼

香辣墨鱼仔

葱爆墨鱼仔

酱烧墨鱼仔

蒜苗炒乌贼

材料

乌贼……………2尾
蒜苗……………3根
红辣椒片………10克

调味料

酱油膏………1大匙
细砂糖………1小匙
酱油…………1小匙
色拉油………2大匙

做法

1.乌贼洗净，切三角形块；蒜苗洗净，切斜段。
2.油锅加热至高温，将乌贼块炸至表面微黄，捞出沥干油分。
3.另取锅，加入色拉油，放入红辣椒片、其余调味料和蒜苗段，炒至蒜苗段软即可。

香辣墨鱼仔

材料

墨鱼仔…………3尾
葱段……………30克
蒜末……………20克
红辣椒片………15克
蒜味花生………50克

调味料

白胡椒盐……1小匙
糖………………5克
淀粉……………30克
色拉油……265毫升

做法

1.将墨鱼仔洗净，取出内脏后切片，沾裹淀粉。
2.取锅加入250毫升色拉油烧热至油温约180℃，将墨鱼仔放入锅中炸至外观呈金黄色，捞起沥油备用。
3.另取锅，加入剩余的15毫升色拉油，放入葱段、蒜末、红辣椒片先爆香，然后放入墨鱼仔一同快炒后，再加入蒜味花生、白胡椒盐和糖翻炒均匀即可。

葱爆墨鱼仔

材料

墨鱼仔200克、葱段50克、蒜末20克、红辣椒片5克

调味料

酱油2大匙、米酒1大匙、水2大匙、细砂糖1小匙

做法

1.墨鱼仔用开水浸泡约5分钟，捞出洗净，沥干水分，备用。
2.热锅，加入约200毫升色拉油（材料外），烧热至约160℃，将墨鱼仔放入其中，以中火炸约2分钟至微焦香后捞出沥油。
3.锅底留少许油，放入葱段、蒜末及红辣椒片以小火炒香，接着加入墨鱼仔炒2分钟，最后加入所有调味料炒至干香即可。

豆瓣酱烧墨鱼仔

材料

墨鱼仔…………6尾
姜段……………10克
蒜仁……………2颗
红辣椒…………1个
葱………………1根
罗勒……………2棵

调味料

辣豆瓣酱……1小匙
砂糖…………1小匙
水……………1大匙
酱油膏………1大匙
香油…………1小匙

做法

1.墨鱼仔洗净备用。
2.姜段洗净切丝；蒜仁切片；红辣椒洗净切片；葱洗净切小段；罗勒洗净，备用。
3.锅烧热，加入1大匙色拉油（材料外），再加入做法2的所有材料以中火先爆香。
4.加入墨鱼仔与所有调味料，以中火煮至汤汁略收即可。

黄豆酱烧墨鱼仔

材料

墨鱼仔………200克
红辣椒……………1个
姜………………20克
葱…………………1根

调味料

黄豆酱………3大匙
糖……………1小匙
米酒…………1大匙
水…………50毫升

做法

1.墨鱼仔洗净、挖去墨管，沥干；红辣椒洗净切丝；姜洗净切末；葱洗净切成葱丝，备用。
2.热锅，加入少许色拉油（材料外），以小火爆香红辣椒丝、姜末后，放入所有调味料，待煮滚后放入墨鱼仔。
3.等做法2的材料煮滚后，转中火煮至汤汁略收干，即可关火装盘，最后撒上葱丝即可。

蚝汁烩墨鱼仔

材料

墨鱼仔250克、姜1小段、红辣椒1个、葱1根、蒜仁3颗

调味料

水50毫升、米酒1大匙、蚝油1小匙、香油1小匙、砂糖1小匙、白胡椒1/6小匙

做法

1. 墨鱼仔洗净，沥干水分备用。
2. 姜洗净切丝；葱、红辣椒洗净切段；蒜仁切片，备用。
3. 热锅，先加入1小匙色拉油（材料外），再加入做法2中的材料，以小火炒香。
4. 最后加入墨鱼仔与所有调味料，以中火煮至汤汁略收干即可。

美味笔记

用烧煮的方式，可减少拌炒的时间，也能有效减少油烟的产生。因为是先炒再烧煮，所以食材会更入味。

酸辣鱿鱼

材料

泡发鱿鱼……300克
猪肉泥……100克
酸菜末……50克
红辣椒末……30克
蒜末……40克

调味料

A.酱油……1大匙
白醋……1小匙
糖……1小匙
米酒……1大匙
B.水淀粉……1大匙
香油……1小匙
辣椒油……1小匙

做法

1. 泡发鱿鱼切花刀，再切小块，放入沸水中汆烫，备用。
2. 热锅，加入适量色拉油（材料外），放入蒜末、红辣椒末爆香，再加入酸菜末与猪肉泥炒香，接着加入鱿鱼块及调味料A拌炒均匀。
3. 锅中加入水淀粉勾芡，起锅前再加入香油及辣椒油拌炒均匀即可。

蔬菜鱿鱼

材料

泡发鱿鱼……300克
西芹…………100克
玉米笋………40克
黑木耳片……30克
胡萝卜………30克
姜末……………5克
蒜末……………10克

调味料

盐……………1小匙
鸡精………1/4小匙
醋……………1小匙
白胡椒粉…1/6小匙
香油………1/4小匙

注：若不想吃冰的，这道菜也可以热食。

做法

1.先将泡发鱿鱼剥去外层皮膜，再洗净切小片。
2.西芹洗净切条；玉米笋洗净切段；黑木耳片洗净；胡萝卜去皮后切成小片，备用。
3.将做法2的蔬菜放入沸水中汆烫熟，再熄火放入鱿鱼略烫，一起捞出泡冰水（材料外）沥干备用。
4.取锅，加入1大匙油（材料外）烧热，放入姜末、蒜末先爆香，再放入做法3的材料和所有调味料拌炒均匀。
5.盛盘，待凉后以保鲜膜封紧，放入冰箱中冷藏至冰凉即可。

生炒鱿鱼

材料

鱿鱼…………300克
桶笋……………80克
红辣椒…………1个
葱…………………2根
猪油…………2大匙
蒜末……………10克
姜末……………10克
热水………100毫升
地瓜粉………1大匙

调味料

米酒…………1大匙
盐…………1/3小匙
鸡精………1/2小匙
细砂糖………1小匙
沙茶酱………1小匙

做法

1.将鱿鱼洗净并切片；桶笋、红辣椒洗净切片；葱洗净切段，备用。
2.取锅烧热后加入猪油，再放入葱段、蒜末、姜末、红辣椒片爆香。
3.加入鱿鱼片、桶笋片略炒数下。
4.倒入热水与米酒，一同拌炒至汤汁略沸腾。
5.加入盐、鸡精、细砂糖、沙茶酱炒至汤汁滚沸时，以地瓜粉兑水勾芡即可。

鲜笋炒鱿鱼丝

韭菜花炒双鱿鱼

麻辣软丝

椒盐爆龙珠

鲜笋炒鱿鱼丝

材料

鱿鱼……………1只
沙拉笋………100克
蒜仁……………2颗
香菜……………10克

调味料

米酒…………1大匙
酱油…………1小匙
水……………2大匙
糖…………1/2小匙
盐…………1/2小匙
橄榄油………1小匙

做法

1.鱿鱼洗净切条；沙拉笋洗净切粗丝；蒜仁切碎；香菜洗净切段。
2.取锅放橄榄油后，爆香蒜碎。
3.放入鱿鱼条炒香后，再加入沙拉笋丝、香菜拌炒，最后加入其余调味料拌炒均匀即可。

韭菜花炒双味

材料

鱿鱼头…………1个
乌贼头…………1个
韭菜花………200克
蒜仁……………2颗

调味料

酒……………1大匙
盐…………1/2小匙
糖…………1/4小匙
橄榄油………1小匙

做法

1.韭菜花洗净切段；鱿鱼头、乌贼头洗净切小段；蒜仁切片。
2.煮一锅水（材料外），将鱿鱼头段、乌贼头段汆烫后捞起沥干备用。
3.取锅放橄榄油后，爆香蒜片。
4.放入韭菜花炒香后，再放入鱿鱼头段和乌贼头段拌炒。
5.加入其余调味料拌炒均匀即可。

麻辣软丝

材料

软丝…………100克
蒜仁…………20克
芹菜…………50克

调味料

淀粉…………4大匙
花椒片………1小匙
洋葱片……1/4小匙
盐…………1/4小匙
鸡精………1/4小匙

做法

1.把软丝洗净，剪开、去皮膜，切丝。然后将软丝沾裹上淀粉，备用。
2.芹菜洗净切段；蒜仁切末，备用。
3.起锅热油（材料外）(油量要能盖过软丝)，待油温烧热至约160℃时，放入软丝以大火炸约1分钟至表皮金黄酥脆，捞出沥油。
4.锅底留少许油，以小火爆香蒜末及花椒片，加入软丝、芹菜段、盐、鸡精及洋葱片，以大火快速翻炒30秒钟至均匀即可。

椒盐爆龙珠

材料

龙珠（鱿鱼嘴）200克
花生米………20克
姜段……………少许
蒜仁……………3颗
红辣椒…………2个
葱………………2根

调味料

盐…………1/4小匙
黑胡椒粉…1/6小匙
辣豆瓣酱……1小匙
香油…………1小匙

做法

1.龙珠洗净，放入沸水中略汆烫过水。
2.姜段、蒜仁、红辣椒和葱洗净，切成碎末。
3.锅烧热，加入1大匙色拉油（材料外），放入龙珠，以中火爆香，再加入做法2的所有材料，以中火翻炒均匀。
4.加入花生米和所有调味料拌匀即可。

贝类

炒蛤蜊

材料

蛤蜊············400克
姜····················10克
红辣椒··············1个
蒜仁················10克
罗勒················20克

调味料

A.蚝油··········2小匙
酱油膏·······1小匙
细砂糖····1/4小匙
料酒··········2大匙
B.香油··········1小匙

做法

1.蛤蜊吐沙后洗净；罗勒挑去粗茎洗净沥干；姜洗净切丝；蒜仁、红辣椒洗净切碎，备用。
2.热锅，倒入1大匙油（材料外），以小火爆香姜丝、蒜碎、红辣椒碎后，加入蛤蜊及调味料A。
3.转中火略炒匀，待煮开出水后翻炒几下，炒至蛤蜊大部分开口。
4.转开大火炒至水分略干，加入罗勒及香油略炒几下即可。

葱香蛤蜊

材料

蛤蜊……………150克
葱…………………1根
蒜仁……………… 3颗
红辣椒…………1/2个
罗勒……………10克

调味料

细砂糖………… 1小匙
酱油膏…………2大匙

做法

1.蒜仁切末；红辣椒洗净切末；葱洗净切小段；蛤蜊泡盐水吐沙，备用。
2.热锅倒入适量油（材料外），放入蒜末、红辣椒末、葱段，以中小火爆香。
3.锅中加入蛤蜊，盖上锅盖转中火焖至蛤蜊打开，再加入所有调味料炒匀。
4.最后加入罗勒炒软即可。

炒菜 美味笔记

大多数人在家炒蛤蜊时，常常会倒入开水且不加锅盖欲让蛤蜊开壳，殊不知，蛤蜊在水汽和热气溢散下不仅不会打开，还会因水分过多而导致鲜味被冲淡。其实，要想让蛤蜊打开，只要不加水盖上锅盖焖即可，这样蛤蜊受热就会自然打开，鲜味也能一并留在锅中。

普罗旺斯文蛤

材料

文蛤………… 200克
培根…………… 30克
圣女果 ………… 6颗
洋葱末 ………… 20克
蒜末……………… 20克
罗勒末 …………10克

调味料

盐 ………… 1/4小匙
黑胡椒粉…… 1/6小匙
米酒…………20毫升
色拉油 ……25毫升

做法

1.文蛤外壳洗净，吐尽泥沙后洗净备用。
2.圣女果洗净对剖成两等份；培根切小丁，备用。
3.取锅，加入色拉油，放入培根丁煎炒至略焦后，加入洋葱末、蒜末，翻炒至香味溢出。
4.加入文蛤、圣女果和其余调味料略翻炒，加盖焖至文蛤开口后，再放入罗勒末拌炒均匀即可。

芦笋炒蛤蜊

材料

芦笋300克、蛤蜊300克、蒜片10克、葱段10克

调味料

盐1/4小匙、鸡精1/4小匙、白胡椒粉1/6小匙、米酒1大匙、香油1小匙

做法

1.芦笋洗净切段；蛤蜊泡盐水使其吐沙后洗净，备用。
2.热锅倒入2大匙油（材料外），放入蒜片、葱段爆香，放入芦笋段翻炒均匀。
3.加入所有调味料（香油除外）和蛤蜊，翻炒至蛤蜊打开后淋上香油，熄火起锅即可。

炒菜美味笔记

芦笋的根部纤维较粗，烹调前可以削除尾端粗纤维，这样口感会比较好。市面上的芦笋有小支和大支之别，一般来说大支的芦笋比较甘甜。

热炒海瓜子

材料

海瓜子……600克
姜末……15克
蒜末……15克
葱段……30克
红辣椒圈……15克

调味料

蚝油……1大匙
糖……1/2小匙
鸡精……1/4小匙
米酒……3大匙
胡麻油……2大匙

做法

1.将海瓜子洗净后静置吐沙，再放入沸水中略汆烫，捞出备用。
2.热锅后加入胡麻油，放入蒜末和姜末爆香。
3.放入海瓜子略为拌炒，再放入葱段和红辣椒圈续炒至海瓜子开口，最后加入其余调味料拌匀即可。

红糟炒海瓜子

材料

海瓜子………400克
葱末………………10克
姜末………………15克
蒜末………………10克
红辣椒末………10克
罗勒……………30克

调味料

A.红糟酱……2大匙
B.酱油………1小匙
米酒………1大匙
鸡精……1/4小匙
糖………1/2小匙

做法

1.海瓜子泡水吐沙后再洗净备用。
2.热锅，加入2大匙色拉油（材料外），再放入葱末、姜末、蒜末、红辣椒末爆香，继续加入红糟酱炒香。
3.加入海瓜子，炒至壳微开后加入调味料B，接着放入罗勒快速拌炒均匀至入味即可。

豆酥海瓜子

材料

海瓜子………250克
红辣椒末……20克
葱末……………20克
蒜末……………20克

调味料

豆酥……………50克
辣椒酱…………20克
盐………………10克
色拉油……120毫升

做法

1.海瓜子洗净、吐沙完后，放入沸水中氽烫至开口，捞起备用。
2.取一锅先不开火，倒入色拉油和豆酥后，再以中小火拌炒至豆酥略冒泡。
3.加入辣椒酱、盐、红辣椒末、葱末和蒜末，翻炒至豆酥变色后，再放入海瓜子拌炒均匀即可。

啤酒海瓜子

材料

海瓜子………250克
啤酒………200毫升
蒜末……………20克
红辣椒末………10克
姜末……………15克

调味料

盐……………1/4小匙
白胡椒粉…… 1/6小匙
色拉油………25毫升

做法

1.海瓜子洗净，吐沙完后再洗净备用。
2.取锅烧热，加入色拉油，放入蒜末、红辣椒末和姜末爆香。
3.加入海瓜子快炒，再加入啤酒、盐和白胡椒粉翻炒，加盖焖至海瓜子开口即可。

炒牡蛎时常常遇到的状况就是煮熟后缩水，吃起来一点都不鲜嫩，主要原因就在于炒太久。因为牡蛎很容易熟，所以可事先用沸水稍微汆烫，等其他配料炒熟后，再放入牡蛎煮熟，这样就可保持其肥美鲜嫩的风味了。

豆腐牡蛎

材料

牡蛎…………200克
盒装嫩豆腐……1盒
姜……………10克
蒜仁……………8克
红辣椒…………10克
豆豉……………20克
葱花……………30克

调味料

A.米酒………1小匙
酱油膏……2大匙
细砂糖……1小匙
水…………2大匙
B.水淀粉……1小匙
香油………1小匙

做法

1.牡蛎洗净后沥干；豆腐切块；姜、蒜仁、红辣椒洗净切末，备用。
2.牡蛎用沸水汆烫约5秒后捞出沥干。
3.热锅，倒入1大匙油（材料外），以小火爆香姜末、蒜末、红辣椒末、豆豉及葱花，再加入豆腐块轻轻炒匀。
4.加入调味料A及牡蛎，煮开后，以水淀粉勾芡，淋上香油即可。

铁板牡蛎

材料

牡蛎……………100克
豆腐……………1/2盒
葱………………1根
蒜仁……………3颗
红辣椒…………1/2个
洋葱……………5克
罗勒……………适量
豆豉……………5克

调味料

酒………………1大匙
细砂糖…………1/2小匙
香油……………1小匙
酱油膏…………1大匙

做法

1.牡蛎洗净后用沸水汆烫，沥干备用。
2.豆腐切小块；葱洗净切小段；蒜仁切末；红辣椒洗净切圆片，备用。
3.热锅，倒入适量油（材料外），放入葱段、蒜末及红辣椒片炒香，再加入牡蛎、豆腐块、豆豉及所有调味料轻轻拌炒均匀。
4.洋葱切丝，放入已加热的铁盘上，再将做法3中炒好的食材倒入铁盘上即可。

香葱炒牡蛎肉

材料

牡蛎肉…………100克
小白菜…………200克
鸡蛋……………2个
蒜仁……………2颗
葱………………2根
红辣椒…………1个
地瓜粉…………10克

调味料

酱油……………1大匙
糖………………1/2小匙
水………………1/4杯
盐………………1/4小匙
橄榄油…………1小匙

做法

1.牡蛎肉洗净去杂质，均匀沾裹地瓜粉备用。
2.小白菜洗净切小段；鸡蛋打散成蛋液；蒜仁切片；葱洗净，葱白切段、葱绿切葱花；红辣椒洗净切圈。
3.煮一锅水（材料外），将牡蛎肉烫熟捞起沥干；小白菜段焯水后捞起沥干。
4.取锅放橄榄油后，爆香蒜片、红辣椒圈、葱白。
5.放入蛋液炒至八分熟后，先取出。
6.放入其余调味料煮沸后，再放入牡蛎肉和炒蛋，起锅前放入小白菜段、葱花即可。

油条牡蛎

材料

牡蛎150克、油条1根、葱45克、姜10克

调味料

高汤150毫升、盐1/2小匙、鸡精1/4小匙、细砂糖1/4小匙、白胡椒粉1/8小匙、水淀粉1大匙、香油1大匙

做法

1.将牡蛎洗净、挑去杂质后，放入沸水中汆烫约5秒后，捞出沥干；葱洗净切丁；姜洗净切末，备用。
2.把油条切小块，取锅倒入油（材料外），加热油温至约150℃，将油条块入锅炸约5秒至酥脆，捞起沥干油，铺至盘中垫底。
3.另取锅，烧热后加入1大匙色拉油（材料外），以小火爆香姜末、葱丁后，加入牡蛎及高汤、盐、鸡精、细砂糖、白胡椒粉。
4.待做法3的材料煮沸后，加入水淀粉勾芡，再淋上香油，起锅后淋至盛有油条的盘上即可。

味噌牡蛎

材料

牡蛎200克、白萝卜1根、葱2根、红辣椒1个、蒜仁2颗

调味料

A.味噌酱30克、酒15毫升、味淋20毫升、酱油10毫升、水50毫升
B.香油1/2大匙

做法

1.将调味料A混合调匀，备用。
2.白萝卜去皮磨成泥，用萝卜泥轻轻洗净牡蛎，再用水洗去萝卜泥后，将牡蛎放入沸水中汆烫1分钟，至其呈紧缩状即可捞起沥干，备用。
3.葱洗净，切成小段；红辣椒洗净去籽切斜片；蒜仁切薄片备用。
4.热锅，加入适量色拉油（材料外），放入葱段、蒜片爆香，再加入红辣椒片略炒。
5.倒入调匀的调味料A，煮开后放进牡蛎用大火快炒一下即可，起锅前淋上香油更添香气。

牡蛎煲西蓝花

材料

牡蛎…………150克
西蓝花………100克
胡萝卜……… 30克
玉米块……… 50克
红甜椒……… 20克
鲜香菇……… 60克
葱段………… 20克
姜片………… 20克

调味料

糖 …………… 1小匙
米酒………… 1大匙
酱油膏……… 2大匙
白胡椒粉…… 1小匙
高汤………200毫升

做法

1.胡萝卜去皮切片，西蓝花洗净切小朵，与玉米块一起放入沸水中汆烫一下，取出沥干备用。
2.鲜香菇洗净切块；红甜椒洗净去籽切片，备用。
3.热锅，倒入适量油（材料外），放入葱段、姜片爆香，再放入做法1与做法2的材料炒匀。
4.加入所有调味料，将牡蛎轻轻拌炒匀，至汤汁略收干即可。

蒜末蚬

材料

蚬250克、圣女果6颗、蒜末20克、罗勒叶20克

调味料

米酒20毫升、酱油膏50克、番茄酱20克、色拉油25毫升

做法

1.蚬洗净，吐沙完后备用。
2.圣女果洗净对剖成两等份。
3.取锅烧热，加入色拉油，炒香蒜末和圣女果。
4.加入蚬翻炒后，再加入米酒、酱油膏和番茄酱翻炒均匀，加盖焖至蚬开口，最后加入罗勒叶略翻炒即可。

炒菜美味笔记

加盖焖煮蚬除了可以加快开口之外，也能减少蚬壳肉分离的情况。

生炒鲜干贝

材料

鲜干贝160克、甜豆70克、胡萝卜15克、葱1根、姜10克、红辣椒1个

调味料

蚝油1大匙、米酒1大匙、水50毫升、水淀粉1小匙、香油1小匙

做法

1.胡萝卜去皮后切片；甜豆洗净撕去粗边；葱洗净切段；红辣椒及姜洗净切片，备用。
2.鲜干贝放入沸水中汆烫约10秒即捞出沥干。
3.热锅，加入1大匙色拉油（材料外），以小火爆香葱段、姜片、红辣椒片后，加入鲜干贝、甜豆、胡萝卜片及蚝油、米酒、水一起以中火炒匀。
4.将做法3的食材再炒约30秒后，加入水淀粉勾芡，再淋上香油即可。

炒菜美味笔记

新鲜干贝的肉质鲜嫩，适合用来热炒或清蒸，因为其味道鲜美，所以通常不会用口味过重的调味料。

炒菜美味笔记

鲜干贝如果炒太久，吃起来会非常干硬，而且体形会缩小，因此建议最后再入锅，稍微拌炒几下即可。

XO酱炒鲜干贝

材料

鲜干贝250克、四季豆30克、红甜椒1/3个、黄甜椒1/3个、蒜仁2颗、红辣椒1/3个

调味料

XO酱2大匙、盐1/4小匙、白胡椒粉1/6小匙

做法

1.鲜干贝洗净，将水分沥干备用。
2.红甜椒、黄甜椒洗净，切菱形片；四季豆、蒜仁、红辣椒洗净，切片，备用。
3.取锅，加入1大匙色拉油（材料外）烧热，加入做法2的所有材料以中火翻炒均匀。
4.加入鲜干贝和所有调味料翻炒均匀即可。

XO酱炒西芹干贝

材料

鲜干贝…………10颗
西芹………………2棵
蒜仁………………1颗

调味料

XO酱………… 1大匙
鸡精………… 1小匙
香油………… 1大匙
水 ………… 2大匙

做法

1.鲜干贝浸泡在沸水中不开火至熟，捞起沥干备用。
2.蒜仁切碎；西芹剥除粗丝切段，放入沸水中汆烫去涩味，沥干备用。
3.热锅，倒入少许油（材料外），爆香蒜碎，加入XO酱炒香，加水煮至沸腾。
4.加入西芹段与鲜干贝拌炒均匀，加入鸡精调味。
5.起锅前加香油拌匀即可。

咖喱孔雀蛤

材料

孔雀蛤……… 260克
西红柿………… 50克
洋葱…………… 90克
蒜仁…………… 20克
红葱头………… 20克

调味料

奶油…………… 2大匙
咖喱粉………… 2小匙
水…………… 100毫升
盐…………… 1/4小匙
鸡精………… 1/2小匙
细砂糖……… 1/4小匙
水淀粉………… 1小匙

做法

1.把孔雀蛤洗净，挑去肠泥；洋葱及西红柿洗净切块；蒜仁及红葱头洗净切末，备用。
2.热锅，加入奶油，以小火爆香洋葱块、蒜末及红葱头末后，加入咖喱粉略炒香，加入水、盐、鸡精、细砂糖及孔雀蛤转中火炒匀煮沸。
3.将做法2的材料煮至沸腾后再煮约30秒，加入西红柿块同煮，待汤汁略收干后，加入水淀粉勾芡，炒匀起锅装盘即可。

香炒螺肉

材料

螺肉…………250克
葱碎……………10克
蒜碎……………40克
红辣椒碎………30克
罗勒……………20克

调味料

酱油膏………1大匙
沙茶酱………1小匙
糖……………1小匙
米酒…………1大匙
香油…………1小匙

做法

1.螺肉洗净，放入沸水中汆烫，备用。
2.热锅，加入适量色拉油（材料外），放入葱碎、蒜碎、红辣椒碎炒香，再加入螺肉及所有调味料拌炒均匀，起锅前加入洗净的罗勒快炒拌匀即可。

沙茶炒螺肉

材料

凤螺肉………240克
姜………………10克
红辣椒…………1个
蒜仁……………10克
罗勒……………20克

调味料

A.沙茶酱……1大匙
　盐…………1/4小匙
　鸡精……1/4小匙
　细砂糖…1/4小匙
　料酒………1大匙
B.香油………1小匙

做法

1.把凤螺肉放入沸水中汆烫约30秒，捞出冲凉，备用。
2.将罗勒挑去粗茎、洗净沥干；姜洗净切丝；蒜仁、红辣椒洗净切末，备用。
3.取锅加热后加入1大匙色拉油（材料外），以小火爆香姜丝、蒜末及红辣椒末后，加入凤螺肉及调味料A，转中火持续翻炒1分钟至水分略干，再加入罗勒及香油略炒几下即可。

Vegetable Tofu Eggs

蔬菜豆蛋篇

餐桌上总是大鱼大肉可不行，
还是要搭配一些蔬菜，
青菜、豆腐、蛋和菇类，
其实都很适合用炒的方式料理，
炒既不像炖煮易使食材营养成分流失，
也不像炸烤那么麻烦费事又不健康，
所以蔬菜用快炒准没错，
快跟大厨学几招！

这样挑选蔬菜就对了

常见又容易购得的蔬菜大致可以分为：叶菜类、根茎类、瓜果类、豆类，每种蔬菜各有选购的方式与保鲜的秘诀，了解这些小诀窍，就能将这些蔬菜料理得更营养美味。

叶菜类

挑选叶菜时要注意：叶片要翠绿、有光泽、没有枯黄，茎的纤维不可太粗，可先折折看，如果折不断表示纤维太粗。通常叶菜类就算放在冰箱冷藏也没办法长期储存，叶片容易干枯或变烂。要让叶菜类新鲜的秘诀就在于保持叶片水分不散失及避免腐烂，因此可用报纸包起来，根茎朝下直立，再放入冰箱冷藏，这样可延长叶菜的保鲜期。记得千万别将根部先切除，也别事先水洗或密封在塑料袋中，以免加速叶菜的腐烂。

根茎类

根茎类的蔬菜较耐放，因此市售的根茎类蔬菜外观通常不会太糟。挑选时注意其表面无明显伤痕即可，可轻弹几下看是否空心，因为根茎类通常是从内部开始腐烂，此外土豆如果已经发芽千万别选购。洋葱、萝卜、牛蒡、山药、地瓜、芋头、莲藕等根茎类蔬菜只要保持干燥，放置于通风处通常可以存放很久，放进冰箱反而容易腐坏，尤其是土豆，冷藏后会加快发芽。

瓜果类

绿色的瓜果类蔬菜，挑选时尽量选瓜皮颜色深绿，按下去没有软化且拿起来有重量感的，这样的蔬菜才新鲜。冬瓜通常是一片片买，尽量挑选表皮呈现亮丽的白绿色且没有损伤的。而苦瓜表面的颗粒愈大愈饱满，就表示瓜肉愈厚；表皮要呈现漂亮的亮白色或翠绿色，若出现黄化，就表示果肉已经过熟不够清脆了。瓜果类可以先切去蒂头延缓老化，拭干表面水分，用报纸包裹避免水分流失，再放入冰箱冷藏。已经切片的冬瓜，则必须用保鲜膜包好再放入冰箱，才可以延长保鲜期。

豆类

挑选豆类蔬菜时，若是含豆荚的豆类，如四季豆、菜豆等，要选豆荚颜色翠绿、不枯黄，且有脆度的；而单买豆仁类的豆类蔬菜时，则要选择形状完整、大小均匀且没有暗沉光泽的。豆荚类蔬菜容易干枯，所以要尽可能密封好放入冰箱冷藏；而豆仁则放置于通风阴凉的地方保持干燥即可，亦可放冰箱冷藏，但同样需保持干燥。

炒蔬菜好吃的秘密

Q1：怎么炒青菜才可以清脆不软烂？

A： 在家炒菜与餐厅炒菜的差别就在于炉子，餐厅使用的是快速炉，火力强大，青菜下入锅中拌炒几下就熟，因为时间短，所以能保持青菜清脆不软烂。而家中的炉子火力不够强，因此要尽量以最强的火力来炒青菜，而梗多的蔬菜，如空心菜、上海青则可以先将梗入锅炒熟，最后再下菜叶，这样能避免将菜叶炒得过烂。此外，叶菜类蔬菜不盖锅盖焖煮，能避免其变得糊烂，而耐久煮的根茎类蔬菜则可根据口感需要，决定要不要盖上锅盖。

Q2：有苦涩味的蔬菜怎么炒才会好吃？

A： 有些蔬菜带有苦涩的味道，许多人不喜欢吃，其实只要在料理时用些小方法，就能改善蔬菜的苦涩味道。以叶菜类蔬菜来说，可以放入加了少许油的沸水中稍微汆烫一下，而调味时加入少许糖或带有甜味的调味料，都能让苦味减少。此外，勾少许的薄芡能让涩口的口感消失。比如，苦瓜的苦来自苦瓜籽与内部的白膜，只要将这两样东西去除再稍微汆烫，就可以去掉大部分的苦味。

Q3：蔬菜炒好上桌就变黄变黑怎么办？

A： 刚炒好的蔬菜新鲜翠绿，看起来非常可口，但是上桌后没一会儿就变黄变黑，看起来一点都不好吃了。这是因为有些蔬菜比较容易氧化，只要避免蔬菜与空气直接接触就可以减缓蔬菜的氧化。像茄子刚切好马上就会变黑，可以泡入盐水中，或是料理前先过油，利用油脂的包裹，使其保持颜色不变黑，而叶菜则可利用加了油的沸水稍微汆烫来防止变色。

Q4：怎么将蔬菜炒得更香更鲜嫩？

A： 因为蔬菜通常比较清淡，因此要炒得好吃就必须靠调味，不过如果调味料加得太重，会破坏蔬菜的鲜味，不妨利用爆香的辛香料来提升蔬菜的风味，而且也比浓郁的调味料自然。此外许多蔬菜都有老梗粗丝，花点时间先去除这些部位，能让蔬菜炒起来更好吃。

炒菜 美味笔记

自己炒茄子的时候总是容易糊烂且颜色暗黑，其实是因为茄子容易氧化，切开后就会开始氧化变黑，且容易吸附汤汁，建议切开后立即过油炸，让表面定色，既能维持漂亮的紫色表皮且内部不易变黑，也因经过油炸，炒的时候就不容易吸收过多汤汁，也就不会变得糊烂了。

蒜香茄子

材料

茄子…………400克
红辣椒末………15克
蒜末……………10克
姜末……………10克
罗勒叶…………10克

调味料

酱油膏………2大匙
细砂糖………2小匙
水……………3大匙
香油…………1小匙

做法

1.茄子洗净后切条备用。
2.热锅，倒入约500毫升的油（材料外）烧热至油温约180℃，将茄子下锅炸约1分钟定色后，捞起沥干油。
3.锅中留约1大匙油，以小火爆香红辣椒末、蒜末及姜末。
4.加入酱油膏、水、细砂糖煮开后加入茄子条。
5.炒至汤汁略干后，加入罗勒叶炒匀，淋上香油即可。

豇豆炒茄子

材料
茄子…………200克
豇豆…………300克
罗勒……………10克
蒜仁……………… 8颗

调味料
盐 ……………… 1小匙
细砂糖 ……… 1小匙
水 …………400毫升

做法
1.豇豆洗净，切长段；茄子洗净，切滚刀块，过油炸熟。
2.锅烧热，放入少许油（材料外），加入拍碎的蒜仁爆香。
3.加入豇豆段和所有调味料烧煮3分钟。
4.放入茄子快炒2分钟。
5.起锅前放入罗勒拌匀即可。

罗勒炒茄子

材料
茄子…………250克
罗勒…………… 20克
蒜仁……………… 6颗

调味料
酱油膏 ……… 2大匙

做法
1.茄子洗净，切滚刀块，放入油温约160℃的油锅中略炸，捞起备用。
2.锅烧热，放入少许油（材料外），加入拍碎的蒜仁爆香。
3.加入炸茄子块和酱油膏拌炒。
4.起锅前加入罗勒拌匀即可。

炒菜美味笔记

料理这道炒茄子时，茄子需先炸过定型后，用简单酱料拌炒，起锅前再加入罗勒拌匀，这样就会清爽不油腻。

椒盐茄子

鱼香茄子

西红柿炒茄子

豆豉茄子

椒盐茄子

材料

A.茄子3个

B.蒜末1小匙、葱花大匙、红辣椒末1/2小匙

调味料

盐1/2小匙、鸡精1/4小匙、白胡椒粉1/4小匙、色拉油3大匙

做法

1.茄子去皮切长条备用。

2.锅烧热，倒入3大匙色拉油，放入茄子条，平铺在锅中，以中小火煎至软。

3.放入材料B的所有辛香料炒2分钟。

4.加入其余调味料炒匀即可。

炒菜美味笔记

茄子的硬皮口感不好，有涩味、易变黑，所以一般都用油炸来处理，自己在家做若不喜欢油炸，可以去皮之后再来煎炒，口感较好。

鱼香茄子

材料

茄子3个、蒜末1/2小匙、姜末1/2小匙、葱花1小匙

调味料

辣豆瓣酱1小匙、蚝油1小匙、酱油1/2小匙、细砂糖1/2小匙、鸡精1/4小匙、水100毫升、水淀粉1小匙

做法

1.茄子洗净削皮切块，表面保留少许皮。

2.将茄子块放入160℃的热油中，炸至软即可捞出沥油，再放入沸水中烫去油分捞出备用。

3.热锅放入1大匙色拉油（材料外），放入姜末、蒜末以小火炒香，再放入辣豆瓣酱略炒。

4.加入水、蚝油、酱油、糖、鸡精以小火煮匀，最后再加入炸茄子煮2分钟至沸腾，以水淀粉勾芡，撒上葱花即可。

西红柿炒茄子

材料

西红柿……50克

茄子……150克

青辣椒……1个

姜……10克

调味料

酱油……1小匙

醋……1小匙

糖……1/2大匙

盐……1/4小匙

橄榄油……1小匙

做法

1.西红柿洗净切丁；青辣椒洗净切圈；姜洗净切片；茄子切条氽烫备用。

2.取一不粘锅放橄榄油后，爆香姜片、青辣椒圈。

3.放入西红柿丁、茄子略拌炒后，加入其余调味料煮至收汁即可。

豆豉茄子

材料

茄子2个、罗勒20克、红辣椒10克、姜10克、豆豉20克

调味料

细砂糖1/2小匙、盐2克、鸡精1/4小匙、水150毫升、葵花籽油1大匙

做法

1.罗勒取嫩叶洗净；红辣椒、姜洗净切片，备用。

2.茄子洗净去头尾、切段；热油锅至油温约160℃，放入茄子段炸至微软后捞出，沥油备用。

3.热锅倒入葵花籽油，爆香姜片，放入豆豉炒香，再放入红辣椒片和茄子段拌炒。

4.放入其余调味料拌炒均匀，再放入罗勒叶炒至入味即可。

干煸四季豆

材料

四季豆……200克
猪肉泥……30克
蒜末……10克

调味料

辣椒酱……1大匙
酱油……1大匙
细砂糖……1/2小匙
水……2大匙

做法

1.四季豆洗净摘除头尾，再剥除两侧粗丝备用。
2.热锅，倒入约500毫升油（材料外）烧至油温约180℃，将四季豆下锅炸约1分钟至表面呈微金黄色后，捞起沥干油备用。
3.锅中留少许油，以小火爆香蒜末，再放入猪肉泥炒至散开，加入辣椒酱及酱油、细砂糖、水炒至干香。
4.加入四季豆，炒至汤汁收干即可。

杏仁姜片圆白菜

材料

圆白菜………400克
熟杏仁片………20克
胡萝卜片………15克
姜片………………15克

调味料

盐……………1/2小匙
糖………………1小匙

做法

1.圆白菜洗净切片。
2.热锅，加入2大匙油（材料外），放入杏仁片以小火炒香，取出备用。
3.锅中放入姜片爆香，再放入圆白菜和胡萝卜片拌炒至微软。
4.加入杏仁片和所有调味料炒匀即可。

红糟圆白菜

材料

圆白菜400克、蒜末10克、姜末10克、红糟酱30克

调味料

米酒1大匙、鸡精1/4小匙

做法

1.圆白菜洗净切片，放入沸水中汆烫一下，捞出沥干备用。
2.取锅烧热，加入2大匙色拉油（材料外），放入蒜末和姜末爆香。
3.放入红糟酱和米酒炒香，再放入圆白菜片和鸡精拌炒至入味即可。

炒菜美味笔记

圆白菜虽然是常食用的蔬菜，但其富含膳食纤维，是随手可得的养生圣品，加上红糟酱中能活血的红曲菌，更具养生之效。

香炒毛豆

豌豆辣八宝

辣炒酸豇豆

虾酱空心菜

香炒毛豆

材料

毛豆………… 300克
五香豆干……… 5块
红辣椒末…… 1/2小匙

调味料

盐……………… 1小匙
细砂糖…… 1/4小匙
鸡精……… 1/2小匙
色拉油……… 2大匙

做法

1.五香豆干切四方丁备用。
2.毛豆洗净，放入沸水中汆烫，捞起备用。
3.锅烧热，倒入2大匙色拉油，放入红辣椒末爆香，加入豆干丁炒至焦黄。
4.放入毛豆继续翻炒。
5.加入其余的调味料，以中火拌炒均匀即可。

毛豆不易炒熟，料理前要先放入沸水中汆烫，汆烫不仅可以烫掉毛豆外部的薄壳，也可以去除豆腥味。

豌豆辣八宝

材料

A.新鲜豌豆仁100克、猪肉丁50克、鲜虾丁50克、笋丁30克、豆干丁50克、胡萝卜丁20克
B.生香菇丁20克、虾米10克、蒜片2克、红辣椒片2克

调味料

辣椒酱1/2大匙、酱油1小匙、糖1/2大匙、米酒1大匙、白胡椒粉1/4小匙、水200毫升

腌料

盐1/4小匙、米酒1大匙、白胡椒粉1/4小匙、淀粉1大匙

做法

1.将猪肉丁和鲜虾丁加入所有腌料腌3分钟；虾米洗净，泡水约1分钟，沥干备用。
2.将猪肉丁、鲜虾丁和其余的材料A放入沸水中汆烫后，捞起沥干。
3.锅烧热，加入少许油（材料外），放入蒜片、红辣椒片、生香菇丁和虾米炒香，再放入所有调味料，以小火煮1分钟。
4.放入做法2的材料，以大火炒匀至汤汁浓稠即可。

辣炒酸豇豆

材料

酸豇豆……… 400克
红辣椒………… 60克
姜……………… 20克

调味料

盐…………… 1/4小匙
细砂糖………… 2小匙
香油…………… 2大匙

做法

1.酸豇豆用清水略洗净后沥干。
2.将酸豇豆切成小粒；红辣椒、姜洗净切末，备用。
3.锅烧热，倒入2大匙色拉油（材料外），以小火爆香姜末及红辣椒末。
4.加入豇豆粒、盐和细砂糖，炒约1分钟至水分收干后，再淋入香油即可。

虾酱空心菜

材料

空心菜500克、蒜仁2颗、红辣椒1个

调味料

虾酱1小匙、鸡精1/4小匙、水1大匙

做法

1.空心菜切小段后，洗净沥干备用。
2.蒜仁切碎；红辣椒洗净切片，备用。
3.热锅，倒入2大匙油（材料外），以小火爆香红辣椒片、蒜碎及虾酱。
4.放入空心菜，加入味精及水后快炒至空心菜变软即可。

炒菜美味笔记

虾酱是一种东南亚常见的调味料，是以生虾发酵制成，有浓郁的腥臭味，但经过高温爆炒后就会转成浓郁的香味。因此虾酱要先爆香，才能变得香而不臭，千万别直接与调味料、空心菜一起炒，这样温度不够高，炒完后还是会留有些许腥味。

柴鱼片炒山苦瓜

材料

山苦瓜………200克
柴鱼片…………15克
蒜仁………………2颗

调味料

盐…………… 1/2小匙
糖…………… 1/4小匙
橄榄油……… 1小匙

做法

1.山苦瓜洗净切片；蒜仁切片。
2.煮一锅水（材料外），将山苦瓜汆烫去苦味，沥干备用。
3.取一不粘锅放橄榄油后，爆香蒜片。
4.放入山苦瓜片及其余调味料炒匀，盛盘后撒上柴鱼片即可。

豆豉苦瓜

材料

苦瓜150克、豆豉20克、蒜末10克、红辣椒末5克、姜片5克

调味料

酱油1大匙、细砂糖1大匙、水300毫升

做法

1.苦瓜洗净切块，放入油温约140℃的油锅中略炸即捞出沥油，备用。
2.热锅，加入少许色拉油（材料外），放入豆豉、蒜末、红辣椒末、姜片、所有调味料，接着放入苦瓜块翻炒均匀，焖10分钟即可。

炒菜美味笔记

豆豉要和苦瓜一起煮到入味软烂，所以最好选用白苦瓜，这样苦味较淡，颜色也不易变黄，口感和看相俱佳。

豆酱炒苦瓜

材料

苦瓜……………………1条
红辣椒片………10克
蒜末…………… 1小匙
黄豆酱……… 1大匙
盐……………… 1小匙

调味料

细砂糖…………1小匙
鸡精…………1/2小匙
色拉油……… 3大匙

做法

1.苦瓜洗净，剖开，挖去瓤切片备用。
2.苦瓜片加盐，腌10分钟，冲水3分钟沥干备用。
3.锅烧热，倒入3大匙色拉油，放入蒜末爆香，放入黄豆酱和苦瓜片，以小火炒3分钟。
4.加入其余调味料和红辣椒片，继续炒1分钟即可。

丝瓜面筋

材料

面筋……30克
丝瓜……300克
胡萝卜片……25克
姜丝……10克

调味料

盐……1/4小匙
糖……1/4小匙
胡椒粉……1/6小匙
香油……1小匙
水……150毫升
水淀粉……1大匙

做法

1. 面筋放入沸水中汆烫至软，再捞出沥干，备用。
2. 丝瓜去头尾后削皮、洗净，切块备用。
3. 热锅，加入1大匙油（材料外），放入姜丝爆香，再放入胡萝卜片、丝瓜块拌炒均匀，接着放入面筋。
4. 锅中加水煮沸，再放入调味料（水淀粉除外）拌匀，以水淀粉勾芡煮沸即可。

油条丝瓜

材料

丝瓜1条、油条1根、姜丝10克

调味料

盐1/2小匙、鸡精1/4小匙、色拉油2大匙

做法

1. 丝瓜轻刮去皮洗净，直剖成四等份，切段备用。
2. 油条切段备用。
3. 锅烧热，倒入2大匙色拉油，放入盐和姜丝，加入丝瓜段，以小火炒至出水，盖上锅盖焖至软。
4. 加入油条段和鸡精继续煮至沸腾即可。

炒菜美味笔记

丝瓜其实不适合用刮皮刀削皮，而应用刀刮去表面的绿皮，因为用刮皮刀会削去太多果肉，而用刀刮皮，就能保持完整形状和口感。很多人在料理丝瓜时，会加点水再焖一下，但实际上在料理时，油热了先放盐，丝瓜就会出水，这样煮出原汁味更香。

金针菇鲜炒丝瓜

材料

- 丝瓜…………250克
- 胡萝卜…………15克
- 金针菇………100克
- 虾米……………10克
- 姜末……………5克
- 蒜末……………5克

调味料

- 盐…………1/4小匙
- 鸡精………1/4小匙
- 白胡椒粉…1/6小匙
- 香油…………1小匙
- 热水………50毫升

做法

1.丝瓜洗净去皮、切条；金针菇去蒂头，洗净切段；虾米泡软；胡萝卜洗净切丝，备用。
2.热锅，放入1/2大匙油（材料外），爆香虾米、蒜末、姜末。
3.加入胡萝卜丝、丝瓜条、金针菇段、热水，以中火拌炒均匀，盖上锅盖煮1分钟，最后加入其余调味料拌炒入味即可。

辣炒脆黄瓜

材料

- 小黄瓜………250克
- 蒜仁……………2颗

调味料

- 辣椒酱………1大匙
- 水……………2大匙
- 糖…………1/2小匙
- 盐…………1/4小匙
- 橄榄油………1小匙

做法

1.小黄瓜洗净切段；蒜仁切片。
2.取一不粘锅放橄榄油后，爆香蒜片。
3.放入小黄瓜及其余调味料拌炒均匀即可。

木耳炒黄瓜

材料

大黄瓜1/2条、黑木耳40克、胡萝卜片30克、蒜末1/2小匙

调味料

盐1/2小匙、鸡精1/4小匙、水50毫升、色拉油2大匙、水淀粉2小匙

做法

1.大黄瓜去皮，直剖成四等份，去籽备用。
2.将黄瓜段以斜刀切成片。
3.黑木耳洗净，切成方片备用。
4.锅烧热，倒入2大匙色拉油，放入蒜末爆香，加入盐和黄瓜片、胡萝卜片，以大火炒1分钟。
5.淋入水、鸡精和黑木耳片，盖锅盖焖30秒，再以水淀粉勾芡即可。

虾米炒瓢瓜

材料

A.瓢瓜…………450克
B.葱段…………1根
　蒜碎…………30克
　开洋（虾米）··20克

调味料

盐…………1小匙

做法

1.瓢瓜洗净去皮，切粗条备用。
2.锅烧热，放入少许油（材料外），加入材料B爆香。
3.加入瓢瓜条，以小火拌炒20秒。
4.盖上锅盖，焖煮3分钟，再加盐调味即可。

炒菜美味笔记

瓢瓜去皮切丝，加入开洋和调味料，大火快炒，是常见的桌上小菜，凉了也一样好吃。

蒜香奶油南瓜

材料

南瓜…………600克
奶油…………30克
蒜末…………2小匙

调味料

盐…………1小匙
细砂糖……1/4小匙
水…………50毫升

做法

1.南瓜洗净外皮，带皮切成四方片。
2.取平底锅，放入奶油以小火加热至熔化，放入南瓜片，平铺在锅中，以小火煎2分钟至软。
3.将南瓜片翻面，加入蒜末，继续煎90秒。
4.加入所有调味料，以中火轻轻炒匀即可。

炒菜美味笔记

南瓜肉熟后易烂，所以料理时最好要带皮切块，下锅油煎，才能保持形状，不会煮成一锅糊。

枸杞炒川七

材料

川七…………300克
姜丝……………50克
枸杞子…………10克

调味料

胡麻油………2大匙
盐……………1/2小匙
米酒……………1大匙

做法

1.川七摘除叶梗留嫩叶后洗净沥干；枸杞子加入米酒浸泡，备用。
2.热锅，加入胡麻油及姜丝，以小火微爆香姜丝后，加入川七及泡酒的枸杞子（连酒一起下锅）。
3.炒匀后加盐调味炒匀即可。

炒菜美味笔记

因为川七有较浓的特殊味道，所以不妨将枸杞子以米酒泡过，再加入一起炒。不但能让枸杞子增添风味，泡枸杞子的米酒也能提升川七的滋味。此外，爆香姜丝时改用胡麻油，炒起来会更香更添味。

香油红菜

材料

红菜…………120克
姜丝……………20克

调味料

胡麻油………3大匙
盐………………1小匙
糖……………1/2小匙
米酒………1/2小匙

做法

热锅，加入胡麻油，再放入姜丝炒香，最后放入红菜与其他调味料炒熟即可。

炒菜美味笔记

炒以胡麻油为主味的菜时，火不能太大，这样胡麻油才不会有苦涩味。

滑蛋蕨菜

材料

蕨菜…………500克
蒜末…………20克
蛋黄…………1个

调味料

盐…………1/2小匙
米酒…………2大匙
水…………50毫升

做法

1.将蕨菜粗梗摘除，嫩叶部分折成小段后洗净，沥干备用。
2.热锅，倒入2大匙油（材料外），以小火爆香蒜末后，放入蕨菜及所有调味料。
3.拌炒至蕨菜变软后，盛起沥干水分装盘。
4.将蛋黄放在蕨菜上，食用时拌匀即可。

炒菜美味笔记

蕨菜吃起来会刮舌，口感不是很滑嫩，因此事先得摘除中间的硬梗，炒好后在上面打上一颗生蛋黄趁热拌匀，这样才能吃起来口感滑嫩。

山药炒秋葵

材料

山药…………200克
秋葵……………6个
葱…………………1根
蒜仁………………2颗
红辣椒片………10克

调味料

西式香料……1小匙
盐……………1/2小匙
胡椒…………1/6小匙

做法

1.将山药去皮切滚刀块后，放入油温约180℃的油锅中炸成金黄色，备用。
2.将秋葵、蒜仁洗净切片；葱洗净切花备用。
3.另取锅，倒入适量色拉油（材料外），将蒜片以中火爆香，再加入山药块一起翻炒，最后加入秋葵块、红辣椒片与所有的调味料炒香即可。

炒菜美味笔记

山药切成滚刀块后，放入油温约180℃的油锅中过油，炸约3分钟至上色后起锅，再与其他食材一起翻炒入味，这样炒出来的山药香浓松软。

蚝油双冬

材料

冬笋……………2支
冬菇……………10朵
西蓝花…………1棵

调味料

蚝油…………1大匙
糖…………1/2小匙
盐…………1/4小匙
水…………200毫升
香油…………1小匙
水淀粉………2小匙

做法

1.西蓝花洗净，分切小朵后，放入沸水中汆烫，捞起沥干，摆入盘中备用。
2.冬笋洗净，放入沸水中以小火煮40分钟。
3.捞出冬笋，削去老皮后，切滚刀块备用。
4.冬菇泡水至软，剪掉蒂头，洗净。
5.取锅，加入适量油（材料外），放入冬笋块、冬菇和除水淀粉、香油外的全部调味料，以小火煮约15分钟后，用水淀粉勾芡，再淋入香油拌匀，盛入摆好西蓝花的盘中即可。

双冬烤麸

材料

冬笋150克、烤麸160克、干香菇5朵、姜片10克

调味料

酱油1大匙、素蚝油1大匙、糖1/2小匙、水200毫升

做法

1.先将烤麸、冬笋切块；干香菇洗净、泡软、切片，备用。
2.取锅，加入2大匙油（材料外）烧热，先放入姜片爆香，再放入香菇片炒香，继续加入冬笋块、烤麸块拌炒均匀。
3.加入所有调味料拌炒至入味，汤汁收干即可。

炒菜美味笔记

烤麸表面的孔洞多，容易吸收汤汁，所以在调味时，要注意不要放入太多的盐和酱油，并用糖稍微中和一下酱汁的咸味，吃起来就不会过咸。

蚝油炒什锦鲜蔬

材料

鲜香菇…………3朵
西蓝花…………90克
胡萝卜…………10克
杏鲍菇…………50克
蒜仁……………2颗

调味料

蚝油……………1大匙
香油……………1小匙
鸡精……………1小匙
盐………………1/4小匙
白胡椒粉………1/6小匙

做法

1.鲜香菇洗净切成四等份；西蓝花洗净修成小朵状；蒜仁、胡萝卜、杏鲍菇洗净切片，备用。
2.取锅，加入1大匙色拉油（材料外）烧热，放入做法1所有材料以中火翻炒均匀，再加入所有调味料炒匀即可。

雪里蕻炒豆干丁

材料

雪里蕻…………220克
豆干……………160克
红辣椒…………10克
姜………………10克

调味料

盐………………1/4小匙
细砂糖…………1小匙
香菇粉…………1/2小匙
葵花籽油………2大匙

做法

1.雪里蕻洗净切丝；豆干洗净切丁，备用。
2.红辣椒洗净切细段；姜洗净切末，备用。
3.热锅倒入葵花籽油，爆香姜末，放入红辣椒段、豆干丁拌炒至微干。
4.锅中放入雪里蕻和其余调味料炒至入味即可。

炒菜美味笔记

因为豆干含有水分，所以在拌炒时，不妨把豆干丁稍微炒久一点，将水分炒干，会比较香也比较入味。

雪里蕻炒粉条

材料

雪里蕻………250克
粉条………………2把
红辣椒碎…… 1/2小匙

调味料

盐……………1/4小匙
细砂糖…… 1/2小匙
鸡精………… 1/2小匙
色拉油……… 2大匙
水………… 100毫升

做法

1. 雪里蕻洗净切小段；粉条泡水至软，切半备用。
2. 将雪里蕻段放入干锅中，以小火煸炒至干，盛出备用。
3. 锅烧热，倒入2大匙色拉油，放入红辣椒碎炒香，再放入雪里蕻炒1分钟。
4. 加入泡软的粉条和其余调味料，炒至水分收干即可。

炒菜美味笔记

像雪里蕻等腌菜类，味道咸重又有酱气，使用前最好放入干锅，用小火慢慢煸出香味，这样料理起来才会更香。

菠萝炒木耳

材料

菠萝……………100克
黑木耳………… 30克
胡萝卜…………10克
葱段……………10克
姜片……………10克
红辣椒片………15克

调味料

盐 ………… 1/2小匙
细砂糖 …… 1/2小匙

做法

1.菠萝切片；胡萝卜洗净切菱形片；黑木耳洗净切片，备用。
2.锅烧热，放入少许油（材料外），加入葱段、姜片和红辣椒片爆香。
3.加入做法1的所有材料和所有调味料炒匀即可。

开洋白菜

材料

大白菜………400克
干香菇…………3朵
开洋（虾米）··30克
蒜末……………10克

调味料

盐……………1/2小匙
鸡精…………1/4小匙
糖……………1/4小匙
香油……………1小匙
高汤………150毫升
水淀粉…………1大匙

做法

1.大白菜洗净后切片；干香菇洗净泡软后切丝；虾米洗净，泡水约5分钟备用。
2.热锅，加入2大匙油（材料外）烧热，放入蒜末爆香，加入香菇丝和虾米一起炒香后，放入大白菜片炒至微软，再倒入高汤煮软后加入剩余调味料（香油和水淀粉先不加入）拌炒。
3.将水淀粉倒入锅中勾芡，最后淋入香油即可。

炒菜美味笔记

白菜有着特殊的清脆口感与甘甜味，最重要的是还富含膳食纤维，对人体有益。

雪里蕻百叶

材料

雪里蕻300克、百叶4张、姜10克、红辣椒1个

调味料

A.盐1/2小匙、糖1小匙、鸡精1/2小匙

B.高汤50毫升、香油1大匙

做法

1.雪里蕻洗净切丁；红辣椒、姜洗净切末，备用。
2.取一大碗，加入1小匙小苏打（材料外），冲入200毫升的开水（材料外），将百叶放入，浸泡约2小时至变白软化后，取出冲水洗去碱味后，切小片。
3.取锅，倒入高汤，放入百叶片，以小火煨煮约3分钟至汤汁收干，起锅备用。
4.锅烧热，倒入少许油（材料外），以小火爆香姜末及红辣椒末。
5.放入雪里蕻丁及百叶片，以中火炒散后，加入调味料A炒约2分钟至水分收干后，淋入香油炒匀即可。

油扬炒上海青

材料

油扬……………50克
上海青………200克
蒜仁………………2颗

调味料

盐……………1/2小匙
橄榄油………1小匙

做法

1.油扬用沸水汆烫，捞出，沥干水分，切条备用。
2.上海青洗净切段；蒜仁切片。
3.取锅烧热，倒入橄榄油，爆香蒜片，加入上海青段翻炒至断生，放入油扬条翻炒均匀，再将盐加入拌匀即可。

炒菜美味笔记

油扬是一种油炸豆腐饼，形状有圆的、方的、扁的。油扬炒制前用沸水汆烫，能去除豆腥味，吃起来味道更好！

炒地瓜叶

材料

地瓜叶120克、蒜末30克

调味料

酱油1大匙、糖1/2小匙、香油1大匙、水3大匙

做法

1.将地瓜叶洗净切段，放入沸水中汆烫至九分熟，捞出，备用。
2.热锅，加入少许色拉油（材料外），放入蒜末炒香，接着加入所有调味料拌匀，再放入地瓜叶以中火拌炒均匀即可。

炒菜美味笔记

炒地瓜叶时，如果直接入锅拌炒又盖上锅盖，锅中的热对流加剧导致温度升高，会破坏地瓜叶的叶绿素，使其氧化变黄又软烂。为了保持菜叶的青翠，可以在沸水中加入少许色拉油，汆烫过后再快炒即可。

鲜菇地瓜叶

材料

地瓜叶………200克
胡萝卜………30克
鲜香菇………10克
蒜仁………2颗

调味料

盐………1/2小匙
鸡精………1/2小匙

做法

1.地瓜叶洗净挑除老茎；胡萝卜洗净去皮切丝；鲜香菇切片；蒜仁切片，备用。
2.热锅，倒入适量油（材料外），放入蒜片爆香。
3.加入地瓜叶、胡萝卜丝、香菇片炒匀，再加入所有调味料拌炒均匀即可。

百合炒芦笋

材料

新鲜百合……50克
芦笋……150克
白果……50克
蒜仁……2颗

调味料

盐……1/2小匙
橄榄油……1小匙

做法

1.芦笋洗净切段；蒜仁切片备用。
2.煮一锅水（材料外），将芦笋汆烫捞起沥干。
3.取锅放橄榄油后爆香蒜片，放入芦笋、百合、白果拌炒均匀，最后加盐拌炒均匀即可。

辣炒脆土豆

材料

土豆……………100克
干辣椒…………10克
青辣椒………… 5克
花椒………………2克

调味料

盐…………… 1/2小匙
糖…………… 1/2小匙
鸡精………… 1/2小匙
白醋…………… 1小匙
黑胡椒粉…… 1/6小匙

做法

1.土豆去皮切丝；青辣椒洗净去籽切丝，备用。
2.热锅，倒入适量油（材料外），放入花椒爆香后，捞除花椒，再放入干辣椒炒香。
3.放入做法1的材料炒匀，再加入所有调味料拌炒均匀即可。

炒菜美味笔记

这道菜的关键就是要保持土豆的脆度，因此土豆千万别炒太久，以免吃起来口感太过松软。

土豆炒青椒

醋烹土豆

酸辣炒三丝

银芽炒油扬

土豆炒青椒

材料

土豆…………350克
青辣椒………100克
蒜末……………10克
红辣椒丝……… 5克
花椒粒………… 5克
干辣椒段………10克

调味料

糖……………… 1小匙
盐…………… 1/4小匙
白醋………… 1/2大匙
鸡精………… 1/4小匙

做法

1.土豆去皮洗净切丝，稍微浸泡一下清水后，冲净沥干；青辣椒洗净去籽切丝，备用。
2.热锅，倒入2大匙油（材料外），放入花椒粒、干辣椒段以小火爆香后，捞除花椒粒与干辣椒，留油备用。
3.放入蒜末炒香，再放土豆丝炒匀，最后加入红辣椒丝、青辣椒丝与所有调味料炒匀即可。

醋烹土豆

材料

土豆…………300克
干辣椒…………2个

调味料

盐…………… 1/8小匙
白醋…………… 1大匙
细砂糖…… 1/4小匙
色拉油……… 2大匙

做法

1.土豆去皮切细丝，冲水10分钟沥干备用。
2.干辣椒剪段备用。
3.锅烧热，倒入2大匙色拉油，放入干辣椒段，以小火略炒。
4.放入土豆丝，以中火炒3分钟，再加入盐和细砂糖炒匀。
5.加入白醋快炒30秒即可。

炒菜美味笔记

土豆淀粉多，切完丝需要冲水，以冲去表面淀粉，这样炒起来口感才会脆，不会整盘糊糊的。

酸辣炒三丝

材料

黄豆芽300克、胡萝卜丝30克、熟笋丝30克、黑木耳丝30克、蒜末10克、红辣椒片15克

调味料

A.盐1/2小匙、鸡精1/4小匙、细砂糖1/4小匙
B.白醋1/2小匙、醋1小匙、辣椒油1小匙

做法

1.黄豆芽去头尾后洗净，放入滚沸的水中略为汆烫后捞出，沥干水分备用。
2.热锅倒入2大匙色拉油（材料外），加入蒜末和红辣椒片爆香。
3.放入黄豆芽和其余材料拌炒1分钟，加入调味料A翻炒入味，再加入调味料B拌炒均匀即可。

银芽炒油扬

材料

绿豆芽……… 300克
油扬………………2片
胡萝卜丝……… 20克
蒜末………… 1/2小匙

调味料

盐…………… 1/2小匙
鸡精………… 1/4小匙
色拉油………… 1大匙

做法

1.绿豆芽洗净沥干备用。
2.油扬切丝备用。
3.锅烧热，倒入1大匙色拉油，放入蒜末爆香。
4.放入做法1、做法2的材料，再放入胡萝卜丝和其余调味料，以大火炒1分钟即可。

炒菜美味笔记

一般炒菜都会需要加水，但炒绿豆芽时无须放水，且要用大火快炒，炒起来才会脆，也不会有菜腥味。

枸杞炒山药

蒜炒西蓝花

清炒莲藕

芹菜炒藕丝

枸杞炒山药

材料

带皮山药…… 600克
枸杞子 ………… 1大匙

调味料

盐 ………………… 1小匙
鸡精………… 1/2小匙
色拉油 ………… 2大匙

做法

1.将带皮山药放入蒸锅中，蒸15分钟，取出放凉。
2.将蒸熟的山药去皮，切成长方条备用。
3.枸杞子泡冷水至软后取出。
4.锅烧热，倒入2大匙色拉油，放入做法2、做法3的材料，以小火炒3分钟。
5.加入其余调味料炒匀即可。

在料理山药时，要先带皮蒸熟，才能保持其外形和色泽；如果去皮之后就直接下锅加水翻炒，会容易变糊，影响料理的美观。

蒜炒西蓝花

材料

菜花……………100克
西蓝花 …………100克
胡萝卜 ………… 30克
蒜仁…………………2颗

调味料

盐 …………… 1/2小匙
橄榄油 ……… 1小匙

做法

1.菜花、西蓝花洗净分成小朵；胡萝卜洗净切片；蒜仁切片备用。
2.煮一锅水（材料外），将菜花、西蓝花烫熟，捞起沥干备用。
3.取一不粘锅放橄榄油后，爆香蒜片。
4.放入菜花、西蓝花和胡萝卜片略拌炒，然后加盐即可。

清炒莲藕

材料

莲藕200克、虾仁100克、玉米笋40克、芦笋50克、葱段15克、蒜片10克、红辣椒片10克

调味料

盐1/4小匙、鸡精1/4小匙、糖1小匙、白胡椒粉1/6小匙、香油1小匙、油1大匙

做法

1.莲藕洗净，削去外皮，切成薄片后，浸泡于冷水中；玉米笋洗净切片；芦笋去尾端老茎，切段；虾仁去除肠泥，略冲洗后备用。
2.将莲藕、玉米笋、芦笋、虾仁分别依次放入沸水中，快速汆烫后，捞出备用。
3.热锅放油，爆香葱段、蒜片、红辣椒片后，放入做法2的食材快速拌炒一下，接着加入其余调味料拌匀即可。

芹菜炒藕丝

材料

莲藕……………120克
芹菜……………… 80克
胡萝卜丝……… 30克
黄甜椒丝……… 20克

调味料

酱油…………… 1小匙
盐 ……………………2克
细砂糖 ………… 1小匙
水 …………… 150毫升
香油…………… 1大匙

做法

1.莲藕去皮切丝，放入沸水中略汆烫。
2.取锅，加入少许油（材料外），加入莲藕丝和调味料炒香后，再放入其余材料略拌炒即可。

素炒牛蒡

材料

牛蒡…………200克
魔芋片………100克
胡萝卜………50克
姜………………10克

调味料

酱油…………1小匙
醋……………1小匙
糖……………1/2大匙
盐……………1/4小匙
橄榄油………1小匙

做法

1.牛蒡削皮切片泡水备用。
2.魔芋片洗净切条；胡萝卜和姜切片洗净备用。
3.煮一锅水（材料外），将魔芋片放入其中汆烫去味备用。
4.取锅放橄榄油后，爆香姜片。
5.放入牛蒡片、魔芋片、胡萝卜片拌炒均匀，加入其余调味料略拌即可。

芝麻炒牛蒡丝

材料

牛蒡…………200克
胡萝卜………50克
姜………………10克
熟白芝麻……1/6小匙

调味料

乌醋…………1小匙
盐……………1/4小匙
细砂糖………1/4小匙
白醋……………少许
葵花籽油……2大匙

做法

1.胡萝卜洗净去皮切丝；姜洗净切末；牛蒡洗净去皮切丝，放入白醋水中浸泡，使用前捞出沥干水分，备用。
2.热锅倒入葵花籽油，爆香姜末，放入牛蒡丝、胡萝卜丝略拌。
3.锅中放入其余调味料快速拌炒至入味，再撒上熟白芝麻拌匀即可。

片炒时蔬

材料

红甜椒 …………1/2个
青辣椒 …………1/2个
南瓜（带皮）150克
大头菜 …………150克
泡发黑木耳 …100克
葱 ……………………2根

调味料

水 ………………… 3大匙
米酒…………… 1大匙
辣豆瓣酱…… 1小匙
蚝油…………… 1小匙
糖 ……………… 1小匙

做法

1.红甜椒、青辣椒洗净去籽切片；泡发黑木耳汆烫后切大片；南瓜去籽，切薄片；大头菜去厚皮，切薄片；葱洗净切斜片；所有调味料混合均匀备用。
2.热锅加少许油（材料外），将红甜椒片、青辣椒片过油，盛起备用。
3.原锅放入南瓜片、大头菜片、黑木耳片小火慢慢煎软，再加入葱片炒香。
4.继续加入混合好的调味料拌炒至入味，起锅前加入红甜椒片、青辣椒片拌炒一下即可。

五色什锦丁

炒什锦素菜

黄花菜木耳炒素肚

秋葵炒素鱼片

五色什锦丁

材料

苹果100克、熟竹笋100克、胡萝卜40克、土豆120克、小黄瓜1条、葡萄干20克

调味料

盐2克、糖1/2小匙、米醋1小匙、水300毫升

做法

1.竹笋切丁；胡萝卜、土豆去皮，切丁；在300毫升水中加入米醋制成醋水，备用。
2.苹果带皮切丁，泡入醋水中即捞起沥干；小黄瓜用盐（材料外）搓洗，再洗除盐渍，去籽切丁备用。
3.热锅加入少许食用油（材料外），用小火将竹笋丁、胡萝卜丁、土豆丁稍微煎软，再放入盐、糖充分拌炒。
4.起锅前，加入苹果丁、小黄瓜丁和葡萄干拌炒均匀即可。

炒什锦素菜

材料

生豆皮1块、胡萝卜30克、黑木耳50克、魔芋丝100克、姜10克

调味料

酱油1大匙、味淋1/2大匙、盐1/4小匙、橄榄油1小匙

做法

1.生豆皮切丝；胡萝卜洗净切丝；黑木耳洗净切丝；姜洗净切片。
2.煮一锅水（材料外），将魔芋丝汆烫去味备用。
3.取锅放橄榄油后，爆香姜片。
4.加入做法1和做法2的材料及其余调味料拌炒均匀即可。

吃得健康并不代表要牺牲美味，健康食物也不等于难吃食物。你可以在控制油脂和盐之余，将味觉做多元变化，偶尔换换不同的调味料，如味淋、柴鱼酱油等，都可以使清淡饮食变得更美味。

黄花菜木耳炒素肚

材料

素肚1个、黄花菜20克、黑木耳60克、姜丝10克

调味料

盐1/4小匙、香菇粉1小匙、糖1小匙、香油1小匙、油2大匙、水30毫升

做法

1.黄花菜洗净，泡软后去蒂；素肚、黑木耳均洗净切丝，备用。
2.热锅，倒入油，放入姜丝爆香，再加入素肚丝拌炒香，接着放入黄花菜、黑木耳丝炒匀。
3.锅中加入其余调味料煮沸拌炒均匀即可。

炒菜 美味笔记

干燥的黄花菜通常会经过特殊处理，有些店家为了让其卖相佳，会放一些添加物，因此要用流动的清水稍微清洗过再料理，这样吃起来更安心。

秋葵炒素鱼片

材料

素鱼片(魔芋片)……150克
秋葵……100克
姜片……10克
红甜椒片……10克

调味料

盐……1/2小匙
砂糖……1/2小匙
水……50毫升
香油……1小匙

做法

1.秋葵切斜段备用。
2.热锅，将姜片和红甜椒片放入锅中炒香，再加入所有调味料拌炒匀。
3.放入秋葵段和素鱼片炒匀即可。

麻婆豆腐

材料

豆腐··················1块
猪肉泥··········· 50克
葱······················2根
蒜末············· 1小匙
姜末············· 1小匙

调味料

A.辣椒酱·······2大匙
B.酱油·········· 1小匙
　鸡精······· 1/2小匙
　细砂糖···· 1/2小匙
　水··············1/4碗
C.水淀粉 ···· 15毫升
　香油·········· 1小匙
　花椒粉···· 1/8小匙

做法

1.豆腐切块；葱洗净切葱花，备用。
2.热锅，倒入少许油（材料外），以小火爆香蒜末、姜末，再放入猪肉泥炒熟。
3.加入辣椒酱炒香，放入调味料B，烧开后再放入豆腐。
4.略煮沸一下，转小火，一面慢慢淋入水淀粉，一面摇晃锅子，使水淀粉均匀散布。
5.锅铲轻推，以免豆腐破碎，加入香油后装盘，撒上葱花及花椒粉即可。

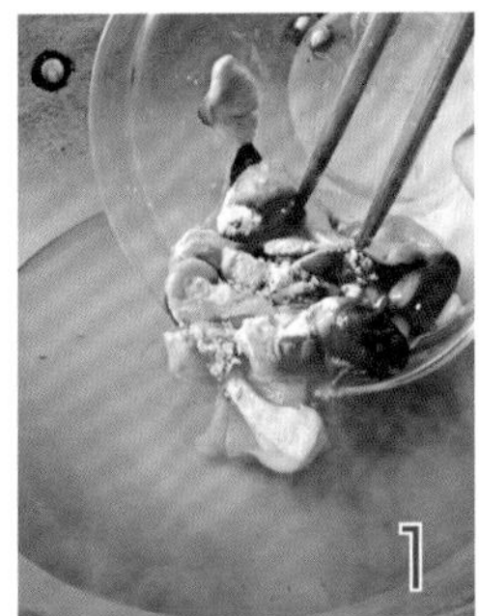

草菇麻婆豆腐

材料

草菇……………… 120克
嫩豆腐………………1盒
素肉丝……………… 30克
葱…………………… 2根
蒜仁………………… 2颗
红辣椒………………1个

调味料

辣豆瓣酱…………1大匙
细砂糖……………1小匙
水……………… 200毫升
水淀粉……………1大匙
香油………………1小匙

做法

1.将素肉丝泡软；草菇洗净对切；豆腐切小块；葱、蒜仁、红辣椒皆洗净切碎，备用。
2.取锅，倒入1大匙色拉油（材料外）烧热，再加入素肉丝、红辣椒碎、蒜碎，以中火先爆香。
3.放入草菇，加入辣豆瓣酱、细砂糖和水拌炒均匀，待水沸后再淋入水淀粉勾薄芡，接着加入豆腐块烩煮一下，起锅前淋上香油、撒上葱碎即可。

三杯豆腐

材料

老豆腐…………4块
姜片……………15克
蒜片……………10克
红辣椒片………10克
罗勒……………30克

调味料

酱油……………2大匙
素蚝油………1大匙
米酒……………3大匙
胡麻油………3大匙

做法

1.老豆腐洗净切块，放入热油锅中炸至定型上色后捞出。
2.另取锅，热锅后加入胡麻油，放入姜片和蒜片爆香至微焦，再加入红辣椒片和老豆腐块拌炒。
3.锅中加入其余调味料炒至入味，再放入罗勒炒匀即可。

蚝油豆腐

材料

老豆腐300克、小胡萝卜30克、甜豆荚30克、玉米笋30克、黑木耳30克、姜10克

调味料

素蚝油2大匙、细砂糖1/4小匙、盐1/4小匙、香菇粉1/2小匙、葵花籽油1大匙、水150毫升、水淀粉1大匙

做法

1.老豆腐切片；姜洗净切片；黑木耳洗净切条。
2.小胡萝卜、玉米笋放入沸水中汆烫约1分钟，接着放入甜豆荚快速汆烫一下，然后一并捞出沥干水分，备用。
3.热油锅至油温约160℃，放入老豆腐片炸约1分钟，捞出沥油备用。
4.热锅倒入葵花籽油，爆香姜片，放入老豆腐片、素蚝油，加水煮至滚沸。
5.锅中放入小胡萝卜、玉米笋、甜豆荚、黑木耳条和糖、盐、香菇粉拌匀，倒入水淀粉勾芡即可。

金沙豆腐

材料

老豆腐……………1块
咸蛋黄…………… 4个
红辣椒……………1个
葱…………………2根

调味料

淀粉……………1/2杯
细砂糖……… 1/6小匙

做法

1.将豆腐切成小块；葱洗净切葱花；红辣椒洗净切末，备用。
2.咸蛋黄放入蒸锅中蒸约4分钟至熟后，用刀碾成泥备用。
3.加热油锅至油温约180℃，将豆腐均匀沾上淀粉后放入锅中，炸至金黄酥脆后捞起沥干油。
4.锅中留下约2大匙油，加入咸蛋黄和细砂糖，转小火用锅铲不停搅拌至蛋黄起泡有香味。
5.加入炸豆腐，快速翻炒，再撒入葱花及红辣椒末翻炒匀即可。

炒菜美味笔记

豆腐因为含有大量水分，直接入锅油炸容易油爆碎散，因此事先沾裹上干淀粉，可让其在油炸后更酥脆且维持外观完整。此外，咸蛋黄要先炒到起泡，这样才能均匀沾裹在豆腐上增加风味。

豆酱烧豆腐

材料

豆腐…………350克
碧玉笋…………10克
红辣椒…………10克
姜………………10克

调味料

黄豆酱…………50克
细砂糖……1/2小匙
鸡精………1/4小匙
水………………2大匙
葵花籽油……1大匙

做法

1.碧玉笋、红辣椒、姜洗净切丝；豆腐切成长条，沥干水分，备用。
2.热油锅至油温约160℃，放入豆腐条油炸至外表呈金黄色，捞出沥油备用。
3.另热一锅倒入葵花籽油，爆香红辣椒丝、姜丝，放入黄豆酱炒香。
4.锅中放入碧玉笋丝、豆腐条以及其余调味料，拌炒均匀至入味即可。

家常豆腐

材料

老豆腐2块、葱段10克、蒜片30克、红辣椒段30克、干香菇2朵、笋片10克、五花肉片10克

调味料

A.辣椒酱1大匙、酱油1小匙、糖1小匙、高汤200毫升
B.水淀粉1小匙、香油1小匙、辣椒油1小匙

做法

1.老豆腐洗净切长块，放入油温约150℃的油锅内，炸至金黄色后捞起沥油，备用。
2.干香菇泡水至软，再切片，备用。
3.热锅，加入适量色拉油（材料外），放入葱段、蒜片、红辣椒段炒香，再加入笋片、五花肉片、炸豆腐、香菇片及调味料A拌匀，转小火焖煮2~3分钟。
4.锅中加入水淀粉勾芡，起锅前再加入香油及辣椒油拌匀即可。

罗汉豆腐

材料

蛋豆腐1盒、荷兰豆50克、黄花菜5克、鲜香菇丝10克、胡萝卜丝10克、黑木耳丝20克、姜丝5克

调味料

A.香菇高汤200毫升、盐1/2小匙、细砂糖1/2小匙

B.水淀粉1大匙、香油1大匙

做法

1.荷兰豆洗净去粗丝；黄花菜泡开水3分钟后沥干，备用。

2.蛋豆腐切厚片，放入沸水中汆烫约10秒钟后取出。

3.锅烧热，倒入少许油（材料外），以小火炒香姜丝，加入荷兰豆、黄花菜、香菇丝、胡萝卜丝及黑木耳丝略炒。

4.加入调味料A及蛋豆腐片炒匀，再加入水淀粉勾芡，最后淋入香油即可。

菌菇烩豆腐

材料

蛋豆腐1盒、鲜香菇丝20克、熟笋丝25克、金针菇30克、黑木耳丝25克、红甜椒丝25克

调味料

蚝油1大匙、盐1/4小匙、糖1小匙、醋1小匙、水150毫升、水淀粉1大匙

做法

1.蛋豆腐切块，备用。

2.热锅，加入少许色拉油（材料外），放入鲜香菇丝爆香，再加入熟笋丝、金针菇、黑木耳丝、红甜椒丝拌炒。

3.继续加入所有调味料（除水淀粉外）炒煮匀，再放入蛋豆腐块煮入味，起锅前以水淀粉勾芡拌匀即可（盛盘后可另放上葱丝、山茼蒿作装饰）。

三杯杏鲍菇

材料

杏鲍菇蒂头⋯⋯⋯200克
姜⋯⋯⋯⋯⋯⋯⋯1小块
蒜仁⋯⋯⋯⋯⋯⋯⋯3颗
罗勒⋯⋯⋯⋯⋯⋯1小把
红辣椒⋯⋯⋯⋯⋯⋯1个

调味料

酱油膏⋯⋯⋯⋯⋯1大匙
砂糖⋯⋯⋯⋯⋯⋯1小匙
水⋯⋯⋯⋯⋯⋯⋯1大匙
胡麻油⋯⋯⋯⋯⋯1大匙

做法

1.杏鲍菇蒂头洗净、切块；姜洗净切片；蒜仁洗净；红辣椒洗净切片，备用。
2.取一个炒锅，倒入胡麻油，加入姜片以中火煸香。
3.加入杏鲍菇块与蒜仁炒香，放入红辣椒片与其余调味料，以中火翻炒均匀。
4.以中火略煮至收汁，再加入洗净的罗勒，稍微烩煮一下即可。

盐酥杏鲍菇

材料

杏鲍菇……………200克
葱………………………3根
红辣椒…………………2个
蒜仁……………………5颗
低筋面粉……………40克
玉米粉………………20克
蛋黄……………………1个

调味料

盐…………………1/4小匙
冰水………………75 毫升

做法

1.低筋面粉与玉米粉混合，加入冰水后迅速拌匀，再加入蛋黄拌匀制成粉浆备用。
2.杏鲍菇洗净切小块；葱洗净切花；红辣椒、蒜仁洗净切末，备用。
3.加热油锅至油温约180℃，杏鲍菇块沾粉浆后，入油锅以大火炸约1分钟至表皮酥脆，起锅沥油备用。
4.锅中留少许油，以小火爆香葱花、蒜末、红辣椒末。
5.放入炸过的杏鲍菇块炒匀，加盐调味后，以大火快速翻炒均匀即可。

炒菜美味笔记

因为菇类口感较嫩软，且容易吸附汤汁及油脂，如果直接下油锅炸，口感会变得软烂且油腻。可先沾粉浆，再入油锅油炸，这样就能在外面形成一层酥脆的表皮，且不会吸附过多油脂，吃起来爽口又酥脆。

金沙杏鲍菇

材料		调味料	
熟咸蛋黄	2个	盐	1/2小匙
杏鲍菇	200克	糖	1/4小匙
葱花	1小匙	胡椒粉	1/4小匙
红辣椒末	1/2小匙	冷开水	1碗
低筋面粉	1/2碗	色拉油	1小匙
地瓜粉	2大匙		

做法

1.咸蛋黄用汤匙压成泥，备用。
2.低筋面粉、地瓜粉用冷开水调匀，再加入色拉油拌匀成面糊。
3.杏鲍菇洗净，切滚刀块，撒上少许淀粉（材料外）拌匀，再均匀沾裹上面糊，放入油锅内炸约3分钟至金黄，捞出沥油。
4.锅中留1大匙油加热，放入咸蛋黄泥，以小火炒至起泡，再放入葱花、红辣椒末、炸杏鲍菇块及其余调味料拌炒均匀即可。

咸蛋杏鲍菇

材料

杏鲍菇150克、咸鸭蛋1个、红辣椒末5克、蒜末5克、芹菜末5克

调味料

盐1/2小匙、糖1/2小匙

做法

1.咸鸭蛋切碎；杏鲍菇洗净切滚刀块。取锅烧热后，以干锅状态将杏鲍菇块放入，烘烤至略焦盛出，备用。
2.重新热锅，加少许色拉油（材料外），放入咸鸭蛋碎炒香，接着加入红辣椒末、蒜末、芹菜末与杏鲍菇块炒匀。
3.加入所有调味料炒匀即可。

炒菜美味笔记

将杏鲍菇放入干锅中烘烤，不仅能逼出杏鲍菇的营养素，也能让其独特的香气完全释放。杏鲍菇像海绵，很能吸附油脂，但经过烘烤后，只要少许油就能进行料理。

黑木耳炒杏鲍菇

材料

杏鲍菇 ··········150克
黑木耳 ··········100克
腊肉················ 50克
姜丝·················· 5克

调味料

酱油··········· 1.5大匙
柴鱼酱油········ 20克

做法

1.黑木耳洗净切小片，放入沸水中汆烫20秒；腊肉洗净切薄片，放入沸水中汆烫30秒；杏鲍菇洗净切段后再切厚片，备用。
2.热锅，倒入适量油（材料外），放入杏鲍菇片煎至上色，取出备用。
3.锅中放入姜丝、腊肉片炒香，再放入黑木耳片及调味料炒入味。
4.加入杏鲍菇片炒匀即可。

松露酱炒杏鲍菇

材料

杏鲍菇 ··········150克
蒜仁················10克

调味料

橄榄油 ·········· 2大匙
白葡萄酒······· 2大匙
盐 ·············· 1/4小匙
松露酱 ·········· 2大匙

做法

1.杏鲍菇洗净切片；蒜仁切末，备用。
2.热锅，倒入橄榄油，放入蒜末，以小火爆香。
3.放入杏鲍菇煎至香味出来，再加入松露酱、盐及白葡萄酒，以小火炒匀即可。

炒菜美味笔记

松露酱可在大型超市购得，虽然不是太便宜，但比起整颗松露算是平价，而且风味浓郁，只需放一点就会使整盘料理都有浓醇的滋味。

炒菜美味笔记

处理娃娃菜时，可先将整棵菜汆烫后再切开，以防汆烫时散开，导致菜色不够美观。

舞菇烩娃娃菜

材料

舞菇……140克
娃娃菜……150克
白果……30克
猪肉片……60克
蒜片……10克
葱段……10克
胡萝卜片……25克

调味料

盐……1/4小匙
糖……1/4小匙
鸡精……1/4小匙
水淀粉……1大匙
高汤……100毫升

腌料

酱油……1/4小匙
米酒……1小匙
淀粉……1小匙

做法

1. 先将舞菇、娃娃菜洗净备用。
2. 将娃娃菜放入沸水中汆烫后捞起；猪肉片放入腌料，腌5分钟后过油捞起备用。
3. 热锅倒入2大匙油（材料外）后，依次放入蒜片、葱段炒香。
4. 放入舞菇、娃娃菜、猪肉片、胡萝卜片和白果拌炒均匀。
5. 加入盐、糖、鸡精拌匀，再加入高汤煮沸后，以水淀粉勾芡即可。

鲍鱼菇炒美生菜

材料

鲍鱼菇………100 克
美生菜……… 250 克
姜………………10 克

调味料

素蚝油………1 小匙
水………………1/2 杯
糖…………… 1/2 小匙
盐…………… 1/2 小匙
橄榄油………1 小匙

做法

1.鲍鱼菇、姜洗净切片；美生菜洗净切块。
2.取锅放橄榄油后，爆香姜片。
3.放入鲍鱼菇片炒熟后，再放入切好的美生菜及其余调味料拌匀即可。

菇丝炒小芥菜

材料

小芥菜……… 600 克
干香菇…………5 朵
姜丝……………15 克

调味料

盐………………1 小匙
细砂糖…… 1.5 小匙
鸡精……… 1/4 小匙
色拉油……… 2 大匙
水…………… 50 毫升

做法

1.小芥菜洗净，切段备用。
2.干香菇泡水（材料外）至软，洗净切丝备用。
3.将小芥菜放入沸水中，加入1小匙细砂糖和少许油（材料外），氽烫1分钟捞出备用。
4.锅烧热，倒入2大匙色拉油，放入姜丝和香菇丝炒2分钟。
5.加入氽烫过的小芥菜及其余调味料，以小火炒至汤汁略收即可。

葱爆香菇

材料

鲜香菇………150克
葱………………100克

调味料

甜面酱………1小匙
酱油………1/2大匙
蚝油…………1大匙
味淋…………1大匙
水……………1大匙

做法

1.鲜香菇洗净，表面划刀，切块；葱洗净，切5厘米长的段；所有调味料混合均匀，备用。
2.热锅，倒入适量油（材料外），放入鲜香菇煎至表面上色后取出，再放入葱段炒香后取出，备用。
3.将混合的调味料倒入锅中煮沸，再放入香菇充分炒至入味，最后放入葱段炒匀即可。

糖醋香菇

材料

鲜香菇200克、红甜椒50克、黄甜椒50克、洋葱40克

调味料

白醋3大匙、番茄酱3大匙、水2大匙、细砂糖3大匙、水淀粉1小匙、香油1小匙、淀粉3大匙

做法

1.鲜香菇泡水约1分钟后洗净略沥干；红甜椒、黄甜椒及洋葱切小条，备用。
2.加热油锅至油温约180℃，将鲜香菇沾上淀粉，放入油锅中，以大火炸约1分钟至表皮酥脆，立即起锅沥油。
3.锅中留少许油，以小火爆香洋葱及甜椒条，再加入白醋、番茄酱、水及细砂糖，以小火煮至沸腾。
4.加入水淀粉勾薄芡，再放入炸好的香菇快速翻炒均匀，淋上香油即可。

炒鲜菇

材料

松茸菇200克、干香菇2朵 、红辣椒1/2个、蒜仁2颗、玉米笋2根、黄甜椒1/4颗

调味料

盐1/2小匙、黑胡椒1/6小匙、西式什锦香料1小匙、香油1小匙

做法

1.松茸菇洗净去蒂；干香菇泡冷水至软后，洗净切丝；玉米笋洗净切斜片；黄甜椒洗净切丝；红辣椒、蒜仁洗净切片，备用。
2.热锅，加入1小匙色拉油（材料外），加入蒜片、红辣椒片，以中火先炒香。
3.加入松茸菇、香菇丝、玉米笋片、黄甜椒丝及所有调味料炒匀即可。

香菇炒芦笋

材料

鲜香菇3朵、芦笋300克、蒜仁2颗

调味料

鸡精1/4小匙、盐1/2小匙

做法

1.鲜香菇洗净切片；蒜仁切末，备用。
2.芦笋洗净切段，放入沸水中汆烫至软化，捞起沥干备用。
3.热锅，倒入少许油（材料外），爆香香菇片。
4.加入芦笋段拌炒均匀，加鸡精、蒜末调味即可。

炒菜美味笔记

菜出锅前放入蒜末，蒜香味浓郁，菜肴的味道更好！

姜烧鲜菇

材料

鲜香菇………150克
玉米…………100克
红甜椒………1/4个
小里脊肉…… 50克
姜泥……………10克

调味料

酱油………1.5大匙
米酒………… 1大匙
味淋………… 1大匙
淀粉………… 1大匙

做法

1.将淀粉外的所有调味料与姜泥混合均匀；红甜椒洗净切片；玉米切片，备用。
2.小里脊肉切薄片，放入做法1混合的调味料中腌约10分钟，取出沥干，沾上薄薄的淀粉备用。
3.热锅，倒入适量油（材料外），放入小里脊肉、鲜香菇、玉米片煎至两面上色，再放入腌肉的酱汁炒至充分入味，最后加入红甜椒片炒匀即可。

椒盐鲜香菇

材料

鲜香菇……… 200克
葱………………… 3根
红辣椒…………2个
蒜仁…………… 5颗

调味料

盐…………… 1/4小匙
淀粉…………3大匙

做法

1.鲜香菇切小块后泡水约1分钟，洗净略沥干；葱、红辣椒、蒜仁洗净切碎，备用。
2.热油锅至油温约180℃，在香菇上撒上淀粉拍匀，放入油锅中，以大火炸约1分钟至表皮酥脆立即起锅，沥干油备用。
3.锅中留少许油，放入葱碎、蒜碎、红辣椒碎以小火爆香，放入炸过的鲜香菇块、盐，以大火翻炒均匀即可。

鲜菇蒜味椒盐片

材料

鲜香菇…………4朵
蒜仁………………3颗
葱…………………1根
红辣椒…………1/2个
面粉…………3大匙
鸡蛋………………1个

调味料

盐…………1/2小匙
白胡椒粉…1/6小匙
大蒜粉………1小匙
香油…………1小匙
水…………1.5大匙

做法

1.将鲜香菇去蒂头后洗净，切片；蒜仁、红辣椒洗净切碎；葱洗净切葱花；鸡蛋打散成蛋液，备用。
2.将所有调味料和面粉、蛋液搅拌均匀，拌成浓稠的面糊。
3.将鲜香菇片沾裹上面糊，放入油温约180℃的油（材料外）中炸成金黄色，再炸至酥脆后捞起沥油，备用。
4.另起一锅，干锅加入蒜碎、红辣椒碎炒香，放入炸好的香菇片拌炒均匀，起锅前再加入葱花，撒上少许黑胡椒粉（材料外）即可。

炒双菇

材料

松茸菇 ………… 80克
美白菇 ………… 80克
青芦笋 ………150克
红甜椒 ………… 20克
黄甜椒 ………… 20克
蒜末……………10克

调味料

A.盐………… 1/2小匙
　鸡精 …… 1/2小匙
　米酒 ……… 1大匙
B.香油 ……… 1小匙
　油…………… 1大匙

做法

1.松茸菇、美白菇去蒂头、洗净；青芦笋洗净切段；红甜椒、黄甜椒洗净切条，备用。
2.将青芦笋段、红甜椒条、黄甜椒条放入沸水中汆烫一下，捞出泡冰水（材料外）备用。
3.热锅，放入油、蒜末爆香，放入松茸菇、美白菇翻炒数下，再放入青芦笋段、红甜椒条、黄甜椒条及调味料A炒匀，最后淋上香油拌一下即可。

蚝油双菇烩豆苗

材料

杏鲍菇…………150克
秀珍菇…………150克
小豆苗…………100克
姜片………………10克
红辣椒丝…………10克

调味料

蚝油……………2大匙
盐……………1/4小匙
糖……………1小匙
鸡精…………1/4小匙
香油……………1小匙
水……………100毫升
水淀粉…………1大匙

做法

1. 杏鲍菇洗净切片；秀珍菇、小豆苗分别洗净备用。
2. 将小豆苗放入沸水中快速汆烫后捞出，沥干水分盛盘。
3. 热锅，放入1大匙油（材料外），爆香姜片，加入杏鲍菇、秀珍菇以中火炒至微软，再加入红辣椒丝和所有调味料（除水淀粉外），煮至入味后以水淀粉勾芡，起锅盛在小豆苗上即可。

松茸菇炒芦笋

材料

松茸菇200克、芦笋120克、蒜仁2颗、红辣椒1个、猪肉丝80克

调味料

盐2克、白胡椒1/6小匙、香油1小匙、水1大匙

腌料

米酒1大匙、香油1小匙、酱油1小匙、淀粉1小匙

做法

1.将松茸菇去蒂，切成小段后洗净；芦笋洗净，去除粗丝，切段；蒜仁、红辣椒皆洗净切片，备用。
2.将猪肉丝与腌料拌匀，腌渍约10分钟，备用。
3.取一炒锅，倒入1大匙色拉油（材料外）烧热，加入腌渍好的猪肉丝，以中火炒香，再加入做法1的所有材料拌炒均匀。
4.继续加入所有调味料翻炒均匀，至汤汁略收即可。

麻辣金针菇

材料

金针菇……1把
蒜仁……2颗
红辣椒……1个
葱丝……10克

调味料

辣椒油……1大匙
香油……1小匙
砂糖……1小匙
辣豆瓣酱……1小匙
盐……1/4小匙

做法

1.金针菇洗净后切除蒂头；蒜仁切碎；红辣椒洗净切丝，备用。
2.取锅，加入1小匙香油，加入蒜碎、红辣椒丝和葱丝以中火爆香。
3.加入金针菇和其余调味料，以中火煮至汤汁略收即可。

炒菜美味笔记

如果喜欢风味再浓郁一点，可以先将辣豆瓣酱爆香，这样豆瓣的香气会更浓。

川耳糖醋金针菇

材料

金针菇100克、洋葱1/2个、 鲟味棒5根、蒜仁3颗、川耳6朵、葱1根

调味料

盐1/2小匙、黑胡椒1/6小匙、奶油1大匙、白醋1小匙、砂糖1小匙

做法

1.金针菇去蒂、洗净后切小段；洋葱洗净切丝；川耳洗净泡水至软；葱与蒜仁都洗净切片，备用。

2.取锅，先加入1大匙色拉油（材料外）烧热，再加入做法1的材料（金针菇除外）以中火炒香。

3.加入金针菇段、鲟味棒与所有调味料，以大火翻炒均匀即可。

炒菜 美味笔记

川耳指的其实就是小朵的干燥黑木耳，比起大朵的黑木耳口感更好、更脆。

金针菇炒黄瓜

材料

金针菇 ··········150克
茭白笋 ··············1条
小黄瓜 ··············1条
红辣椒 ···········1/2个
葱 ······················1根
香菜 ················少许

调味料

味淋 ············· 1小匙
盐 ······················ 3克

做法

1.金针菇切去根部后洗净；茭白笋剥去外皮后洗净，切片备用。
2.红辣椒洗净，切长片；葱洗净切段；小黄瓜洗净，对切后切长片，备用。
3.热锅，倒入1大匙油（材料外）烧热，先放入红辣椒片和葱段爆香，再放入茭白笋片、小黄瓜片以中火炒香。
4.加入金针菇、味淋和盐一起拌炒均匀，盛盘，再加入香菜作装饰即可。

菠菜炒金针菇

材料

菠菜…………200克
金针菇………50克
蒜仁……………2颗

调味料

盐……………1/2小匙
橄榄油………1小匙

做法

1.菠菜洗净切段；金针菇洗净切段；蒜仁切片。
2.取锅放橄榄油后，爆香蒜片。
3.加入金针菇段、菠菜段及盐拌炒均匀即可。

炒菜美味笔记

菠菜在烹煮时容易有涩涩的口感，添加金针菇可以消除涩味，两者是很好的搭配。金针菇低热量、低脂，含多糖体，营养丰富，所富含的纤维容易带来饱足感，是适合减肥族食用的好食材。这道菜重在品尝食材的原味，因为这两样食材都具有特殊的香味，烹煮时只要添加少许盐调味即可。

芦笋烩珊瑚菇

材料

珊瑚菇150克、芦笋100克、火腿2片、胡萝卜30克、蒜仁2颗、红辣椒1个

调味料

香油1小匙、砂糖1小匙、黄豆酱1小匙、盐1/4小匙、白胡椒1/6小匙、水淀粉1小匙

炒菜美味笔记

处理珊瑚菇时，不需要将珊瑚菇一支一支分开，只需要洗净、切除蒂头，以避免营养成分在清洁、烹煮的过程中过度流失。

做法

1.珊瑚菇去蒂，切小块再洗净；火腿切小片；芦笋洗净去老丝，切斜片；胡萝卜洗净切小片，蒜仁与红辣椒皆洗净切片，备用。
2.取锅，倒入1大匙色拉油（材料外）烧热，再加入蒜片与红辣椒片，以中火爆香。
3.加入做法1的其余材料与所有调味料，翻炒至所有材料入味即可。

沙茶炒白灵菇

材料
白灵菇··········150克
西芹··············100克
红甜椒··········· 40克
蒜片················10克

调味料
沙茶酱·········· 1大匙
盐·············· 1/4小匙
米酒·············· 1大匙
糖················· 1小匙

做法
1. 白灵菇洗净切段；西芹、红甜椒洗净切片备用。
2. 热锅加入2大匙油（材料外），放入蒜片爆香，再放入白灵菇拌炒。
3. 放入西芹片、红甜椒片和所有调味料，拌炒入味即可。

玉笋鲜菇

材料

美白菇40克、松茸菇40克、柳松菇40克、碧玉笋120克、胡萝卜片20克、姜丝10克

调味料

盐1/4小匙、香菇粉1/4小匙、米酒1/2大匙、水1大匙

做法

1.将美白菇、松茸菇、柳松菇洗净去蒂；碧玉笋洗净切段。
2.热锅后放入2大匙油（材料外），再加入姜丝爆香，继续放入做法1的材料和胡萝卜片炒约1分钟。
3.放入所有调味料拌炒至入味即可。

翠绿雪白

材料

白灵菇100克、细芦笋50克、芹菜30克、姜丝5克、红辣椒1个

调味料

淡色酱油1大匙、糖1/2小匙

做法

1.细芦笋切段放入沸水中汆烫约10秒；芹菜洗净去叶片切段；红辣椒洗净切丝，备用。
2.热锅，倒入适量油（材料外），放入姜丝、红辣椒丝爆香，再放入白灵菇、芹菜段炒匀。
3.加入所有调味料炒入味，再放入细芦笋段炒匀即可。

炒菜美味笔记

这道菜要突显芦笋的翠绿与白灵菇的雪白，因此不建议用传统酱油，因为颜色太深会让菜色不好看，使用淡色酱油或柴鱼酱油颜色就会淡些，这样成菜才漂亮。

枸杞炒菇丁

材料

杏鲍菇…………50克
鲜香菇…………50克
白灵菇…………100克
葱末……………50克
枸杞子…………10克
蒜末……………5克

调味料

盐……………1/2小匙
细砂糖………1/2小匙
白胡椒粉……1/4小匙
米酒……………2大匙
水………………2大匙

做法

1.枸杞子泡水1分钟后沥干；杏鲍菇、鲜香菇、白灵菇切丁，备用。
2.热锅，倒入2大匙色拉油（材料外），加入蒜末及葱末，以小火炒香。
3.加入做法1的各种菇丁及枸杞子一起炒匀，再加入所有调味料，以中火炒至水分收干即可。

酱爆脆菇

材料

白灵菇………200克
蒜末……………20克
葱段……………30克
红辣椒…………1个

调味料

沙茶酱………2大匙
酱油膏………1大匙
细砂糖……1/2小匙
米酒…………2大匙
水……………1大匙
水淀粉………1小匙
香油…………1小匙

做法

1.白灵菇洗净切小段；红辣椒洗净切片，备用。
2.热锅，倒入约2大匙油（材料外），以小火爆香蒜末、红辣椒片及沙茶酱，加入白灵菇炒匀。
3.加入酱油膏、水、米酒、细砂糖，转中火炒约1分钟，加入水淀粉勾芡炒匀，淋入香油即可。

XO酱爆白灵菇

材料

白灵菇………150克
甜豆荚………100克
蒜末……………10克
红辣椒…………1个

调味料

XO酱…………2大匙
米酒…………1大匙
水……………2大匙
香油…………1小匙
盐…………1/4小匙

做法

1.白灵菇洗净切小段；甜豆荚洗净撕去粗筋；红辣椒洗净去籽切片，备用。
2.热锅，倒入少许油（材料外），放入蒜末、红辣椒片及XO酱略炒香，加入甜豆荚及白灵菇翻炒均匀。
3.加入盐、米酒及水，以中火炒约30秒，淋上香油即可。

干锅柳松菇

材料

柳松菇……… 220克
干辣椒…………… 3克
蒜片………………10克
姜片………………15克
芹菜……………… 50克
蒜苗……………… 60克

调味料

蚝油…………… 1大匙
辣豆瓣酱…… 2大匙
细砂糖 ……… 1大匙
米酒…………30毫升
水 ……………80毫升
水淀粉 ……… 1大匙
香油………… 1大匙

做法

1.柳松菇切去根部洗净；芹菜洗净切小段；蒜苗洗净切片，备用。
2.加热油锅至油温约160℃，将柳松菇下油锅炸至干香后起锅，沥油备用。
3.锅中留少许油，以小火爆香姜片、蒜片、干辣椒，加入辣豆瓣酱炒香。
4.加入炸过的柳松菇、芹菜及蒜苗片炒匀，放入蚝油、细砂糖、米酒及水，以大火炒至汤汁略收干，以水淀粉勾芡后淋上香油，盛入砂锅即可。

香辣树菇

材料

黑珍珠菇……120克
杏鲍菇………80克
干辣椒…………3克
蒜末……………10克
葱段……………50克
花椒………………2克

调味料

酱油…………3大匙
细砂糖………2大匙
料酒…………30毫升
香油…………1大匙

做法

1.黑珍珠菇切去根部洗净；杏鲍菇洗净切粗条，备用。
2.热油锅至油温约160℃，将黑珍珠菇及杏鲍菇条下油锅炸至干香后，起锅沥油备用。
3.锅中留少许油，以小火爆香蒜末、葱段、干辣椒及花椒。
4.加入炸好的黑珍珠菇及杏鲍菇条炒匀后，放入酱油、细砂糖、料酒，以大火炒至汤汁略收干，淋上香油即可。

胡麻油炒口蘑

材料

口蘑……………200克
豌豆角…………100克
黑木耳…………40克
胡萝卜…………30克
姜片………………10克
胡麻油…………2大匙

调味料

盐……………1/4小匙
糖……………1/4小匙
米酒……………1大匙

做法

1.将口蘑洗净切片；豌豆角洗净去头尾；黑木耳洗净切片；胡萝卜洗净去皮切片。
2.热锅，加入胡麻油（材料外），放入姜片爆香，再放入口蘑片炒至微软。
3.加入米酒略炒，再放入豌豆角、黑木耳片、胡萝卜片拌炒，最后加入盐和糖炒匀即可。

大头菜烧菇

材料

鲜香菇…………100克
蘑菇……………100克
大头菜…………200克
樱花虾……………5克

调味料

淡色酱油……1大匙
味淋……………1大匙
糖………………1大匙

做法

1.鲜香菇洗净，表面划刀，切大块；蘑菇洗净；大头菜去皮切约0.1厘米厚的薄片，加入糖腌约15分钟后，洗净沥干，备用。
2.热锅，倒入适量油（材料外），放入樱花虾炒香，再放入鲜香菇块、蘑菇煎至上色。
3.加入淡色酱油和味淋拌炒入味，再加入大头菜片炒匀即可。

玉米笋炒什锦菇

材料

鲜香菇··········50克
松茸菇··········40克
秀珍菇··········40克
玉米笋··········100克
豌豆角··········40克
胡萝卜··········20克
蒜片··············10克

调味料

盐··············1/2小匙
米酒··············1小匙
鸡精··········1/4小匙
香油··············1小匙

做法

1. 玉米笋洗净切段后，放入沸水中汆烫一下；鲜香菇洗净切片；松茸菇洗净去蒂头；豌豆角洗净去头尾及两侧粗丝；胡萝卜去皮切片，备用。
2. 热锅，倒入适量油（材料外），放入蒜片爆香，加入所有切好的菇类与胡萝卜片炒匀。
3. 加入豌豆角及玉米笋段炒匀，再加入所有调味料炒入味即可。

松子甜椒口蘑

材料

口蘑100克、红甜椒50克、黄甜椒50克、松子2小匙、姜末10克

调味料

盐1/4小匙、黑胡椒粉1/4小匙、胡麻油1小匙、米酒50毫升

做法

1.将红甜椒、黄甜椒洗净去蒂后切片，放入沸水中汆烫1分钟，再沥干备用。
2.口蘑洗净后切片，放入沸水中汆烫1分钟，再沥干备用。
3.热锅，倒入胡麻油，爆香姜末，放入红甜椒、黄甜椒片，再放入口蘑片与米酒翻炒均匀。
4.最后放入松子、盐、黑胡椒粉调味拌匀即可。

香蒜奶油蘑菇

材料

蘑菇80克、蒜片15克、红甜椒60克、黄甜椒40克、新鲜巴西里末1/4小匙

调味料

无盐奶油2大匙、盐1/4小匙、白葡萄酒2大匙

做法

1.蘑菇洗净切片；红甜椒、黄甜椒洗净切斜片，备用。
2.热锅，放入奶油，再放入蒜片，以小火炒香。
3.加入蘑菇片略煎香后，再加入红甜椒、黄甜椒片炒匀，加入盐及白葡萄酒一起翻炒均匀，最后撒上新鲜巴西里末即可。

炒菜美味笔记

奶油比一般食用油更容易焦化，所以在热锅时火候不要太大，这样其风味才会香浓且没有焦味。

百里香奶油烩蘑菇

材料

蘑菇…………100克
洋葱……………1/2个
蒜仁………………2颗
胡萝卜………… 50克

调味料

新鲜百里香 ……2棵
月桂叶 …………2片
奶油………… 2大匙
盐 ………… 1/2小匙
黑胡椒 …… 1/6小匙
水 …………200毫升

做法

1.将蘑菇洗净，切成小块；洋葱洗净切丝；蒜仁与胡萝卜洗净切片，备用。
2.取锅，加入1大匙色拉油（材料外）烧热，放入洋葱丝、蒜片与胡萝卜片，先以中火爆香，再加入蘑菇块和所有调味料炒匀。
3.以中火将蘑菇块煮至软化入味，至汤汁略收干即可。

香菜草菇

材料

草菇……150克
香菜……30克
姜丝……10克
红辣椒丝……10克

调味料

蚝油……1/2大匙
米酒……1大匙
糖……1/2小匙
胡麻油……1大匙

做法

1.香菜洗净切段；草菇洗净，蒂头划十字，备用。
2.热锅，倒入胡麻油，加入姜丝、红辣椒丝炒香，再放入草菇煎至上色。
3.加入其余调味料拌炒入味，起锅前加入香菜段炒匀即可。

炒菜美味笔记

草菇因为蒂头较其他的蘑菇厚，所以在烹调前最好在蒂头处划十字，这样可以平均草菇两端的加热速度。此外香菜煮太久会变黑变烂，所以只要在起锅前放入拌炒一下即可。

什锦烩草菇

材料

草菇…………200克
胡萝卜…………1/3个
虾仁…………80克
西芹…………3根
蒜仁…………2颗
红辣椒…………1个

调味料

香油…………1小匙
辣豆瓣酱……1小匙
盐…………1/2小匙
白胡椒……1/6小匙
水…………2大匙
水淀粉………1大匙

做法

1.将草菇洗净对切；虾仁洗净去肠泥，备用。
2.胡萝卜、西芹皆洗净切小片；蒜仁与红辣椒洗净切片，备用。
3.取锅，加入1大匙色拉油（材料外）烧热，再加入做法2的材料，以中火爆香。
4.放入草菇、虾仁与所有调味料，翻炒均匀即可。

油醋鲜菇

材料

鲜香菇………150克
蘑菇…………100克
蒜末……………10克
洋葱末…………10克
巴西里末……… 适量

调味料

盐…………… 1/4小匙
橄榄油……… 2大匙
白酒醋……… 1大匙
黑胡椒粒…· 1/6小匙

做法

1.将鲜香菇、蘑菇洗净切块，备用。
2.热锅，加入少量油（材料外）后，放入鲜香菇块、蘑菇块，以小火慢煎至熟透。
3.放入蒜末、洋葱末、巴西里末炒匀，再加入所有的调味料拌匀即可。

炒菜美味笔记

将材料中的菇类用少量油干煸至熟透，菇类的香气才会散发出来。

香菇沙拉

材料

鲜香菇…………10朵
蒜仁………………2颗
红葱头……………2个
洋葱……………1/3个

调味料

盐…………… 1/2小匙
白胡椒……· 1/6小匙
香油…………… 1小匙
红酒………100毫升
百里香……………2根
奶油…………… 1小匙

做法

1.鲜香菇洗净去蒂，切小片；蒜仁和红葱头洗净切片；洋葱洗净切丝，备用。
2.取锅，加入1大匙色拉油（材料外）烧热，再加入做法1的材料（鲜香菇片除外）以中火炒香。
3.加入鲜香菇片和所有调味料，拌炒至汤汁略收即可。

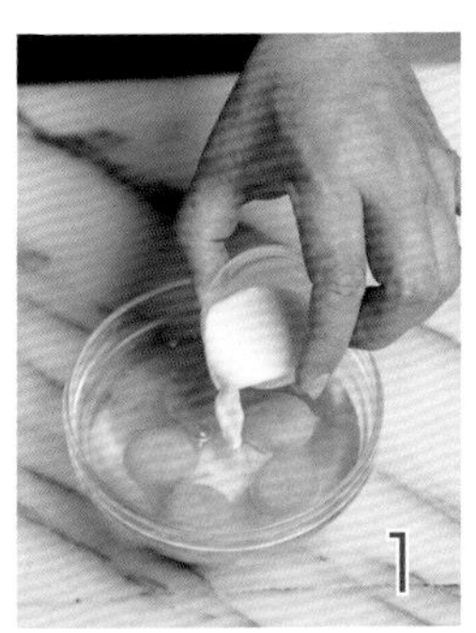

鲜奶炒蛋

材料

鸡蛋……………… 3个
鲜奶…………… 2大匙

调味料

盐 …………… 1/4小匙
无盐奶油……… 2大匙

做法

1.鸡蛋打到碗里，加入鲜奶和盐，混合拌匀备用。
2.热平底锅，加入无盐奶油，以小火加热至奶油熔化。
3.将做法1的材料倒入平底锅中，用平锅铲将蛋液用推的方式铲动，让蛋呈片状慢慢凝固。
4.待蛋液全部凝固成型盛出即可。

炒菜美味笔记

松松软软的炒蛋大家都爱吃，除了烹调方式外，在制作蛋料理时加入鲜奶，可让炒蛋入口时的口感更加滑嫩。

西红柿蔬菜蛋

材料

鸡蛋……………… 4个
西红柿 ………150克
洋葱丝………… 30克
青辣椒………… 40克
香菜末 …………10克
姜末…………… 20克

调味料

无盐奶油……… 3大匙
盐 ……………… 1/4小匙
白胡椒粉…… 1/6小匙

做法

1.西红柿洗净切丁；青辣椒洗净切碎备用。
2.鸡蛋打散后，加入盐和白胡椒粉拌匀成蛋液备用。
3.热锅加入1大匙无盐奶油，放入姜末、青辣椒碎、西红柿丁和洋葱丝，炒软后先盛起，再倒入做法2的材料中拌匀。
4.锅洗净，加入2大匙无盐奶油，倒入做法3的材料，开中火快速拌炒至蛋液凝固，撒入香菜末炒匀即可。

西红柿炒豆腐蛋

材料

老豆腐…………1块
鸡蛋……………3个
西红柿…………2个
葱花…………1大匙

调味料

番茄酱………1大匙
盐…………1/2小匙
糖…………1.5大匙
水淀粉………2小匙
高汤………100毫升

做法

1.老豆腐洗净切丁，泡热盐水后沥干；鸡蛋磕入碗中打散；西红柿洗净切滚刀块，备用。
2.热锅，倒入适量色拉油（材料外），将鸡蛋液入锅炒至略凝固盛出。
3.锅中加入高汤、番茄酱、老豆腐丁、西红柿块及糖、盐煮沸，再加入水淀粉勾芡。
4.放入鸡蛋，轻轻推匀后，撒入葱花即可。

黄金蛋炒笋片

材料

熟咸蛋…………1个
鸡蛋……………1个
冬笋…………400克
葱花…………1小匙
红辣椒末…1/2小匙

调味料

糖…………1/2小匙
鸡精………1/4小匙
胡椒粉……1/4小匙

做法

1.取锅放入冬笋，加入可盖过冬笋的水量，煮约30分钟后捞起冲水至凉，再剥去老皮，切片，备用。
2.熟咸蛋去壳切丁，备用。
3.鸡蛋只取蛋黄，打散成蛋黄液，备用。
4.热锅，加入2大匙色拉油（材料外），放入笋片、咸蛋丁，以小火炒约3分钟。
5.加入调味料拌炒匀，再淋入蛋黄液，撒上葱花、红辣椒末，翻炒均匀即可。

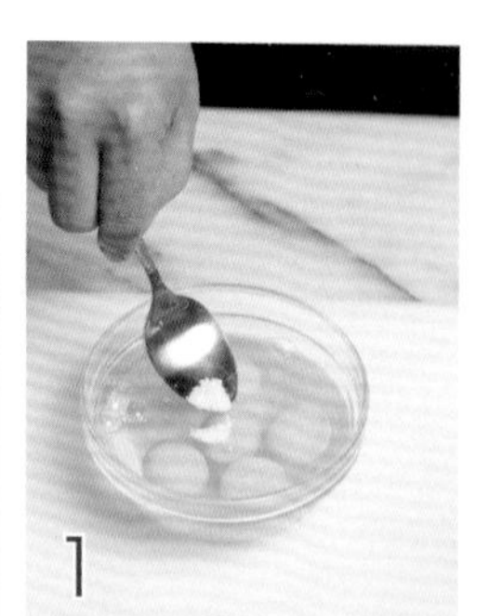

材料

鸡蛋……………… 4个

调味料

无盐奶油……3大匙
盐 …………… 1/4小匙

做法

1.鸡蛋打入碗中，加盐后打散成蛋液备用。
2.热锅后加入无盐奶油至完全熔化。
3.接着快速倒入蛋液，开中火用锅铲快速拌炒，炒至蛋液凝固松散即可。

炒菜美味笔记

炒蛋时，火不要开太大，搅拌的速度要快，才能炒出松散又不老的蛋。

咸蛋炒南瓜

材料

熟咸蛋……………2个
南瓜…………300克
蒜末………1/2小匙
葱花…………1小匙

调味料

水………………1/2杯

做法

1.南瓜去皮切块，略汆烫后过冷水，备用。
2.熟咸蛋分别取出蛋白及蛋黄，蛋白切丁，蛋黄以汤匙压成泥，备用。
3.热锅，加入1大匙色拉油（材料外），放入蒜末、咸蛋白丁、南瓜块、水，以小火煮至汤汁收干后盛盘。
4.重新热锅，加入1大匙色拉油（材料外），放入咸蛋黄泥以小火炒至膨胀起泡，再加入葱花拌匀，最后淋在做法3中准备好的盘上即可。

咸蛋苦瓜

材料

苦瓜…………450克
蒜末………………6颗
红辣椒末………10克
熟咸蛋……………2个

调味料

盐…………1/2小匙
细砂糖…………1小匙

做法

1.苦瓜剖开去籽，切薄片，放入沸水中汆烫捞起备用。
2.熟咸蛋去壳，切丁备用。
3.锅烧热，放入少许油（材料外），加入蒜末和红辣椒末爆香。
4.加入苦瓜片和咸蛋丁炒匀。
5.加入盐和细砂糖拌炒均匀即可。

炒菜美味笔记

咸蛋加入蒜末，先入锅炒出香气，再充分拌炒苦瓜片和咸蛋，让苦瓜片均匀沾裹咸蛋，香气更浓。

芙蓉炒蛋

材料

鸡蛋……………3个
火腿丝…………20克
胡萝卜丝………10克
葱丝……………12克
笋丝……………20克
泡发香菇丝……10克
香菜叶…………5克

调味料

盐…………1/4小匙
白胡椒粉…1/6小匙
水淀粉………1大匙

做法

1.鸡蛋打散加入所有调味料打匀成蛋液备用。
2.热锅，加入1大匙色拉油（材料外）烧热，加入葱丝、火腿丝、胡萝卜丝、香菇丝及笋丝，炒至变软后盛出，加入蛋液中打匀备用。
3.将锅洗净，热锅后加入2大匙色拉油（材料外）烧热，转至中火，加入蛋液快速翻炒至蛋液凝固，装盘，点缀上香菜叶即可。

金银蛋苋菜

材料

熟咸蛋……………1个
皮蛋………………1个
苋菜………… 300克
蒜末………… 1/2小匙

调味料

盐…………… 1/4小匙
鸡精………… 1/8小匙
水………………1/2杯

做法

1.皮蛋、熟咸蛋去壳切丁，备用。
2.苋菜洗净切段，备用。
3.热锅，加入2大匙色拉油（材料外），放入蒜末略炒，再加入水及皮蛋丁、熟咸蛋丁炒匀，接着加入苋菜段及盐、鸡精，煮至苋菜变软即可。

宫保皮蛋

材料

皮蛋……………2个
干辣椒 ………… 5个
熟笋片 ……… 20克
青辣椒片 …… 20克
洋葱片 ……… 20克
蒜末……… 1/2小匙
蒜味花生 …… 2大匙

调味料

酱油………… 2小匙
盐 ………… 1/4小匙
醋 …………… 1大匙
糖 …………… 1大匙
淀粉……… 1.5大匙

做法

1.皮蛋放入沸水中煮约5分钟。待凉后去壳，分切成四等分；再撒上淀粉拌匀，放入油锅内以中火油炸至表面干脆，捞出沥油，备用。
2.干辣椒剪段，备用。
3.热锅，加入1大匙色拉油（材料外），放入蒜末、干辣椒段、熟笋片、青辣椒片、洋葱片，以小火炒约2分钟，再加入其余调味料拌匀，接着放入炸皮蛋拌炒均匀，最后加入蒜味花生炒匀即可。

肉泥皮蛋

材料

皮蛋…………… 3个
猪肉泥 ……… 50克
西红柿 …………1个
洋葱…………1/2个
罗勒叶 ……… 30克

调味料

鱼露………… 2大匙
细砂糖 …… 1/2大匙
柠檬汁 ……… 1大匙
淀粉………… 2大匙

做法

1.皮蛋去壳切成6片月牙形，沾裹上薄薄的淀粉，煎至上色盛起备用。
2.西红柿洗净，在底部划十字，汆烫后过冷水去皮，切成6片月牙形；洋葱洗净切块备用。
3.锅烧热，倒入适量食用油（材料外），依次放入猪肉泥、西红柿块、洋葱、皮蛋片和其余调味料拌炒，起锅前加入罗勒叶拌匀即可。

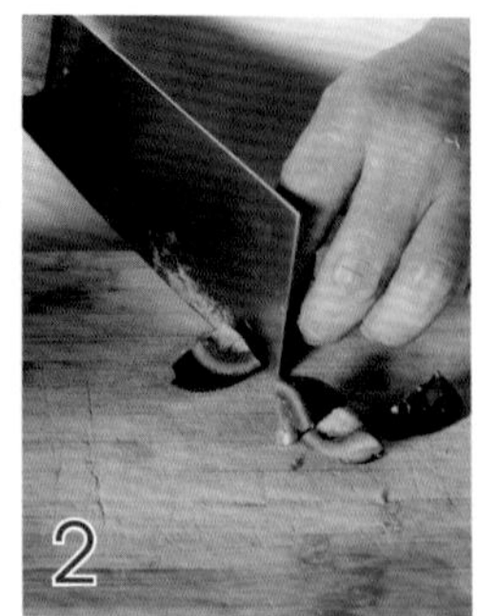

椒盐皮蛋

材料

A.皮蛋2个、蒜末1/2小匙、红辣椒末1/4小匙、葱花1小匙
B.低筋面粉1/2碗、地瓜粉2大匙、泡打粉1小匙

调味料

盐1/2小匙、胡椒粉1/4小匙、冷开水1碗、色拉油1小匙

做法

1.皮蛋放入沸水中煮约5分钟后捞出。
2.皮蛋放凉后去壳，分切成八等份的块，再撒上适量淀粉（材料外）拌匀。
3.材料B与水先调匀，再加入色拉油拌匀成面糊；接着放入撒粉的皮蛋均匀沾裹上面糊。
4.将裹面糊的皮蛋放入油锅内，以小火炸约2分钟至表面金黄，捞出沥油。
5.热锅，加入少许油（材料外）爆香蒜末、红辣椒末、葱花。
6.放入炸皮蛋及其余调味料，快速翻炒均匀即可。

红烧皮蛋

材料

皮蛋2个、猪肉片20克、玉米笋20克、荷兰豆15克、胡萝卜片10克、蒜末1/2小匙

调味料

蚝油2小匙、糖1/4小匙、水1/2碗、水淀粉1小匙

做法

1.皮蛋放入沸水中煮约5分钟。待凉后去壳，分切成四等分；再撒上适量淀粉（材料外）拌匀，放入油锅内以中火炸至表面干脆，捞出沥油，备用。
2.玉米笋洗净切块；荷兰豆洗净摘蒂；猪肉片洗净，汆烫至熟，备用。
3.热锅，加入1大匙色拉油（材料外），放入蒜末、胡萝卜片爆香，再加入做法2的材料和水，以小火炒约2分钟。
4.加入耗油、糖拌匀，再加入水淀粉勾芡，最后放入炸皮蛋拌炒均匀即可。

皮蛋地瓜叶

材料

皮蛋……………2个
地瓜叶………300克

调味料

盐……………1/4小匙
鸡精…………1/8小匙
水……………50毫升

做法

1.皮蛋放入沸水中煮约5分钟。待凉后去壳，切丁备用。
2.地瓜叶洗净，切去老茎，切段备用。
3.热锅，加入2大匙色拉油（材料外），放入地瓜叶，加水炒至软；再加入盐、鸡精、皮蛋丁炒匀即可。

图书在版编目（CIP）数据

炒菜的350种做法 / 生活新实用编辑部编著 . —南京：江苏凤凰科学技术出版社，2020.5（2021.1 重印）
ISBN 978-7-5537-8921-7

Ⅰ．①炒… Ⅱ．①生… Ⅲ．①炒菜 – 菜谱 Ⅳ．①TS972.12

中国版本图书馆 CIP 数据核字 (2019) 第 164507 号

炒菜的350种做法

编　　著	生活新实用编辑部
责任编辑	孙沛文
责任校对	杜秋宁
责任监制	方　晨
出版发行	江苏凤凰科学技术出版社
出版社地址	南京市湖南路 1 号 A 楼，邮编：210009
出版社网址	http://www.pspress.cn
印　　刷	天津丰富彩艺印刷有限公司
开　　本	718 mm × 1 000 mm　1/16
印　　张	16
插　　页	1
字　　数	240 000
版　　次	2020年5月第1版
印　　次	2021年1月第2次印刷
标准书号	ISBN 978-7-5537-8921-7
定　　价	45.00元